看视频！零基础
学做家常小炒

甘智荣◎编著

SPM 南方出版传媒 广东人民出版社

·广州·

图书在版编目（CIP）数据

看视频！零基础学做家常小炒 / 甘智荣编著. —广州：
广东人民出版社，2018.6

　　ISBN 978-7-218-12228-1

　　Ⅰ.①看…　Ⅱ.①甘…　Ⅲ.①家常菜肴－炒菜－菜谱　Ⅳ.①TS972.12

中国版本图书馆CIP数据核字（2017）第271143号

Kan Shipin! Lingjichu Xuezuo Jiachang Xiaochao

看视频！零基础学做家常小炒

甘智荣　编著　　　　　　　　　　版权所有　翻印必究

出 版 人：肖风华

责任编辑：严耀峰　李辉华
封面设计：青葫芦
摄影摄像：深圳市金版文化发展股份有限公司
策划编辑：深圳市金版文化发展股份有限公司
责任技编：周　杰

出版发行：广东人民出版社
地　　址：广州市大沙头四马路10号（邮政编码：510102）
电　　话：（020）83798714（总编室）
传　　真：（020）83780199
网　　址：http://www.gdpph.com
印　　刷：福州凯达印务有限公司
开　　本：710毫米×1000毫米　1/16
印　　张：15　　字　数：220千
版　　次：2018年6月第1版　　2018年6月第1次印刷
定　　价：39.80元

如发现印装质量问题，影响阅读，请与出版社（020-83040176）联系调换。

售书热线：020-83780685

03
PART

解馋畜肉小炒，
分分钟诱惑你的胃

04
PART
嫩滑禽蛋小炒，请让味蕾复苏吧

05 PART

鲜美水产小炒，意犹『味』尽好滋味

PART 01 巧手烹炒

下班之后或周末闲暇之余，可以恣意地走进厨房，在这片温馨的小天地里"排兵布阵"，为家人准备一桌热腾腾的小炒菜是一件无比幸福的事。但是，烹饪出营养而又美味的小炒，并不是一件人人都擅长的事。从本部分开始，我们一起来了解小炒吧！

切割的艺术

做菜有秘诀，切菜有技巧，做好菜从"切"开始。很多人认为切菜是烹饪中最不重要的一道工序，其实不然，能否切得一手好菜，不仅决定菜肴的美味程度，而且在一定程度上还会影响菜肴的营养价值。

切片（黄瓜）

1 取洗净去皮的黄瓜，纵切，将黄瓜一切为二。

2 将对半切的黄瓜再对半切，用平刀法片去瓜瓤。

3 转斜刀切，将所有的黄瓜条切成片。

切滚刀块（胡萝卜）

1 胡萝卜用刮皮刀去皮，切除蒂部。

2 用刀在胡萝卜的一端斜切一刀，切成块。

3 一边滚动胡萝卜，一边均匀地切块即可。

切丝（土豆）

1 顶刀纵向将去皮土豆切成薄片。

2 将切好的薄片呈阶梯状摆放整齐。

3 顶刀纵向将所有的土豆片切成细丝。

脱骨（鸡腿）

1 从鸡腿中间部位切开一刀，再将鸡腿上端的肉切开，剥开鸡腿肉，露出骨头。

2 用刀背把鸡腿下部的骨头折断，把骨头与肉分开。

3 将鸡腿骨取出来，再用刀把鸡腿下部的骨头切除即可。

成品图展示

切松果形花刀（鱿鱼）

1 将鱿鱼的圆形开口切整齐，从中间纵切一刀，上面一层切断，下层不切。

2 将鱿鱼肉铺展开，再从中间切一刀，一分为二，将鱿鱼肉展平，除去内壁黏膜。

3 从鱿鱼的一端斜刀打一字刀，调整角度，在原有的一字刀上斜切，成十字刀即可。

成品图展示

切蝴蝶片（鲈鱼）

1 取一块洗净的鱼肉，用平刀将排骨刺片去。

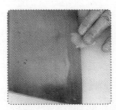

2 用平刀沿着一端片薄片，不要切断鱼皮。

3 用平刀片第二片薄片，切断鱼皮，拉开两片相连的薄片即成蝴蝶片。

成品图展示

掌握火候是关键

炒是家常应用最广泛的烹调方法，一般人都能做，但要炒得鲜嫩适度、清淡爽口并不容易。对于很多人来说，炒菜时如何控制火候是一件难事。下面就来说说如何掌控火候，炒出色、香、形俱佳的佳肴吧！

「揭秘火候」

烹调一般是用火来加热。由于烹制菜肴所使用的原料多种多样，质地有老的、软的、嫩的、硬的；形态有大、小、厚、薄；在制作要求上，有的需要香脆，有的需要鲜嫩，有的需要酥烂，因此在烹制过程中要按照具体情况，采用不同火力对原料进行加热处理。

简单地说，火候就是火力的变化情况，是菜肴烹调过程中所用火力的大小和时间的长短。掌握火候就是对原料进行加热时掌控火力的大小与时间的长短，以达到烹调的要求。烹调时一方面要通过火焰的强烈程度鉴别火力的大小，另一方面要根据原料性质来确定所需的火力大小，但也不是绝对的。有些菜根据烹调要求要使用两种或两种以上的火力。

火力可分为大火、中火、小火、微火四种。

【**大火**】大火是最强的火力，用于"抢火候"时的快速烹制，它可以减少菜肴在加热过程中营养成分的流失，并能保持原料的鲜美脆嫩，适用于熘、炒、烹、炸、爆、蒸等烹饪方法。

【**中火**】中火也叫文火，有较大的热力，适用于烧、煮、炸、熘等烹调手法。

【**小火**】小火也称"慢火""温火"等。此火的火焰一般较小，火力偏弱，适用于煎等烹饪手法。

【**微火**】微火的热力小，一般用于使菜肴酥烂入味的炖、焖等烹调手法。

「火候的运用」

肉类菜肴

肉类菜肴要求炒得鲜嫩可口，炒菜的火候和投料的顺序都有讲究。以炒肉丝为例，炒肉丝是一道很普通的家常菜，它用料简单，操作也不复杂，但要掌控好火候，炒出风味也不容易，所以一盘炒肉丝，也能衡量操作者对火候的掌控水平。炒肉丝的火候应采用大火，其特点是大火速成。这就要求烹调时放入的料要准确，动作迅速，出锅及时。炒肉丝从下锅到出锅只需二三十秒，动作稍一迟缓，菜就会变老。

在肉类中牛肉最不好炒，因为牛肉的纤维粗，如果火候掌控不好就容易把牛肉炒老。要想把牛肉炒好，首先要将牛肉顶刀切成片，用淀粉、鸡蛋上浆，浆好后注入生油没过原料，静置20~30分钟，让油和蛋浆渗透到牛肉纤维中，然后用热勺、热油、旺火急速快炒。掌握了这个火候就可以炒出肉质细嫩的牛肉。

蔬菜类菜肴

烹炒这类菜肴的方法很多，但绝大多数是依靠少量的油来传热，以翻勺和手勺的搅动使原料均匀受热，火候以不超过烟点为好，三四分钟成菜，控制时间，火力要猛，大火可迅速地把青菜中的水分炒干，使青菜很快入味。如韭菜、菠菜、小白菜、芹菜、油菜、黄瓜等蔬菜的含水量在95％左右，由于其组织结构松散、质地脆嫩、色泽鲜艳，炒制时间过长会影响蔬菜本身的味道并破坏营养成分；像地瓜、萝卜、茄子、角瓜、云豆角、土豆等蔬菜的含水量在85％上下，这类原料质地相对紧密，在火候的掌握上应注意：丁丝适合短时间烹制，块段更适合焖、烧的烹调方法。

食以味为先，巧用调料

人们常说"食以味为先"，调味是烹制菜肴能否取得成功的关键技术之一，尤其是对于炒菜来说。只有不断地操练和摸索，才能慢慢地掌握其规律与方法，并与火候巧妙地结合，烹制出色、香、味、形俱佳的美味佳肴。

「调味的根据」

（1）因料调味

新鲜的鸡、鱼、虾和蔬菜等原料，其本身具有特殊鲜味，不应过度调味，以免掩盖其天然的鲜美滋味。腥膻气味较重的原料，如不新鲜的鱼、虾、牛羊肉及内脏类，调味时应酌量多加些去腥解腻的调味品，诸如料酒、醋、糖、葱、姜、蒜等。

本身无特定味道的原料，如海参、鱼翅等，除必须加入鲜汤外，还应当按照菜肴的具体要求使用相应的调味品。

（2）因菜调味

每种菜都有自己特定的口味，这种口味是通过不同的烹调方法做出的。因此，投放调味品的种类和数量皆不可乱来。特别是对于多味菜，必须分清味的主次，才能恰到好处地使用主、辅调料。有的菜以酸甜为主，有的菜以鲜香为主，有的菜上口甜收口咸，或上口咸收口甜，等等。这种一菜数味、变化多端的奥妙，皆在于调味技巧。

（3）因时调味

人们的口味往往随季节变化而有所差异，这也与机体代谢状况有关。例如在冬季，由于气候非常寒冷，因而喜食浓厚肥美的菜肴；炎热的夏季则嗜好清淡爽口的食物。

（4）因人调味

烹调时，在保持地方菜肴风味特点的前提下，还要注意就餐者的不同口味，做到因人制菜。所谓"食无定味，适口者珍"，就是因人制菜的恰当概括。

（5）调料优质

原料好而调料不佳或调料投放不当，都将影响菜肴的风味。优质调料还有一个含义，就是烹制某个地方的菜肴，应当用当地的著名调料，这样才能使菜肴风味十足。比如川菜中的水煮肉，烹制时要用四川郫县的豆瓣酱和汉源的花椒，这样做出来的味道就非常正宗了。

「烹调过程中的调味技巧」

加热前调味

加热前的调味又叫"基础调味"，目的是使原料在烹制之前就能有一个基本的味，同时消除某些原料的腥膻气味。具体方法是将原料用调味品腌渍一下，使原料初步入味，然后再进行加热烹调。鸡、鸭、鱼等肉类菜肴都要做加热前的调味，青笋、黄瓜等配料，也常常先用盐腌渍除水，定下其基本味。一些不能在蒸、炖过程中揭盖和调味的菜肴，更要在上笼入锅前调好味，如蒸鸡、蒸肉、蒸鱼、炖鸭（隔水）、罐焖肉、坛子肉等。它们的调味方法一般是将兑好的汤汁或搅拌好的作料，同蒸制原料一起放入器皿中，以便于加热过程中入味。

加热中调味

加热中的调味，也叫作"正式调味"或"定型调味"。菜肴的口味正是由这一步来确定的，所以是决定性的调味阶段。当原料下锅以后，按照菜肴的烹调要求和食者的口味，在适宜的时机加入或咸或甜、或酸或辣、或香或鲜的调味品。有些大火急成的菜，需事先把所需的调味品放在碗中调好，这叫作"预备调味"，也称为"对汁"，以便烹调时及时加入，不误火候。

加热后调味

加热后的调味又叫作"辅助调味"，可使菜肴的滋味更丰富。有些菜肴，虽然在第一、第二阶段中都进行了调味，但在色、香、味方面仍未达到要求，因此需要在加热后最后定味，例如炸菜往往撒上椒盐或辣酱油等，有的蒸菜也需要在上桌前另烧调汁，炝、拌的凉菜，也需浇上兑好的三合油、姜醋汁、芥末糊等。

大厨的烹饪秘诀

谁都能拎起大勺炒几道家常菜，但并不是每个人都能炒出好菜。下面让我们一起走进大厨的课堂，看看大厨们炒菜好吃的秘诀是什么，让你分分钟变大厨，炒出更美味的佳肴！

「什么时候放盐？」

如果用动物油炒菜，最好在放菜前下盐，这样可减少动物油中有机氯的残余量，对人体有利。如果用花生油炒菜，也必须在放菜前下盐，这是因为花生油中可能会含有黄曲霉菌，而盐中的碘化物，可以除去这种有害物质。为了使炒出的菜更可口，开始可先少放些盐，菜熟后再调味。如果用豆油或菜油，则应先放菜，后下盐，这样可以减少蔬菜中营养成分的流失。

「炒菜时如何掌握油温？」

烹制菜肴时，掌握好油温十分重要。原料数量多，油温就要高些；原料体型较大，易碎散的，油温应低些。具体来说，容易滑散，且不易断碎的原料可以在油烧至四五成热时下锅，如牛肉片、肉丁、鸡球等；容易碎散，体型又相对较大的原料，如鱼片，则应在油二三成热时下锅，且最好能用手抓，分散下锅；一些丝状、粒状的原料，一般都不易滑散，有些又特别容易碎断，可以热锅冷油下料，如鱼丝、鸡丝、芙蓉蛋液等。

「如何掌握好勾芡时间？」

一般应在菜肴九成熟时进行勾芡，过早勾芡会使芡汁发焦，过迟勾芡易使菜受热时间过长，失去脆嫩的口感。

「如何炒丝瓜不变色？」

炒丝瓜时滴入少许白醋，就可保持丝瓜的青绿色泽和清淡口味了。

「土豆丝变脆的妙招是什么？」

先将土豆去皮，切成细丝，再放在冷水中浸泡1小时，捞出土豆丝，沥干水分，入锅爆炒，加适量调料，起锅装盘，这样炒出来的土豆丝清脆爽口。

PART 02 清爽蔬食小炒，好吃减脂有面子

　　对于上班族而言，没有太多的时间准备晚饭，那么不妨将几种蔬菜搭配在一起，做一道清淡爽口的"田园小炒"，不仅能够清脂、减肥，还能满足你的胃，做法也非常简单。本部分将向你介绍超级好吃的蔬食小炒，让你每天无肉亦欢！

扫一扫看视频

青菜炒元蘑

⏱ 5分钟　🍲 美容养颜

原料： 上海青85克，口蘑90克，水发元蘑105克，蒜末少许

调料： 蚝油5毫升，生抽5毫升，盐、鸡粉各2克，水淀粉、食用油各适量

做法

1 洗净的元蘑用手撕开；洗净的口蘑切厚片；洗好的上海青切段。

2 沸水锅中倒入口蘑、元蘑，焯至断生，盛出口蘑、元蘑，沥干水分，装入盘中。

3 用油起锅，放入蒜末，爆香，倒入口蘑、元蘑，加入蚝油、生抽，炒匀。

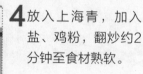

4 放入上海青，加入盐、鸡粉，翻炒约2分钟至食材熟软。

烹饪小提示

清洗口蘑时，可放在水龙头下冲洗一会儿，这样可以去除菌盖下的杂质。

5 倒入水淀粉，翻炒片刻至入味，关火后盛出炒好的菜肴，装入盘中即可。

上海青扒鲜蘑

⏱ 3分钟　　🍲 降低血脂

扫一扫看视频

原料： 上海青200克，口蘑60克
调料： 盐、鸡粉各2克，料酒8毫升，水淀粉、食用油各适量

做法

1 洗净的口蘑对半切开；洗好的上海青沥干水分，再去除老叶，对半切开。

2 沸水锅中放入上海青，加入少许盐、食用油，煮熟后捞出摆盘；再倒入口蘑、少许料酒，煮熟后捞出。

3 用油起锅，倒入口蘑，淋入料酒，炒匀，注入清水，加入盐、鸡粉，拌匀调味。

4 倒入水淀粉，炒匀，关火后盛入摆有上海青的盘子中即可。

扫一扫看视频

草菇扒芥菜

⏱ 7分钟　🫘 降低血压

原料： 芥菜300克，草菇200克，胡萝卜片30克，蒜片少许
调料： 盐2克，鸡粉1克，生抽5毫升，水淀粉、芝麻油、食用油各适量

做法

1 洗净的草菇切十字花刀，再切开；洗好的芥菜切去菜叶，将菜梗部分切成块。

2 沸水锅中倒入草菇，煮熟后捞出；再往锅中放入芥菜，加入少许盐、食用油，煮熟后捞出。

3 另起锅注油，爆香蒜片，放入胡萝卜片、生抽，炒匀，注入清水，倒入草菇。

4 加入盐、鸡粉、水淀粉、芝麻油，炒匀，盛出菜肴，放在芥菜上即可。

扫一扫看视频

腰果炒空心菜

🕐 3分钟　☁ 清热解毒

原料： 空心菜100克，腰果70克，彩椒15克，蒜末少许

调料： 盐2克，白糖、鸡粉、食粉各3克，水淀粉、食用油各适量

做法

1 洗净的彩椒切细丝；沸水锅中撒入食粉，倒入腰果，拌匀，略煮一会儿，捞出；另起锅，注入清水烧开，放入空心菜，煮熟后捞出。

2 热锅注油并烧热，倒入腰果，炸香后捞出，沥干油。

3 用油起锅，倒入蒜末，爆香，倒入彩椒丝、空心菜，炒匀，转小火，加入盐、白糖、鸡粉。

4 用水淀粉勾芡，关火后盛出炒好的菜肴，装入盘中，点缀上熟腰果即成。

扫一扫看视频

酥豆炒空心菜

🕐 4分钟　☁ 健脾止泻

原料： 油炸豌豆10克，彩椒30克，空心菜300克

调料： 盐2克，鸡粉3克，食用油适量

做法

1 洗净的彩椒切丝，备用。

2 用油起锅，倒入切好的彩椒。

3 放入切好的空心菜，翻炒均匀。

4 加入盐、鸡粉，炒匀调味。

5 倒入油炸豌豆，炒匀。

6 关火后盛出炒好的菜肴，装入盘中即可。

扫一扫看视频

🕐 5分钟

健脾止泻

蟹味菇炒小白菜

原料： 小白菜500克，蟹味菇250克，姜片、蒜末、葱段各少许

调料： 生抽5毫升，盐、鸡粉、水淀粉、白胡椒粉各5克，蚝油、食用油各适量

烹饪小提示

焯小白菜时加入食用油，可使小白菜的口感更好，而加入盐则是为了去除多余的水分。

做法

1 洗净的小白菜切去根部，再对半切开。

2 沸水锅中加入少许盐、食用油，拌匀，倒入小白菜，焯至断生，捞出小白菜，沥干水分。

3 再将蟹味菇倒入锅中，焯片刻，关火后捞出，沥干水分，装盘。

4 用油起锅，倒入姜片、蒜末、葱段，爆香，放入蟹味菇，翻炒均匀。

5 加入蚝油、生抽，炒匀，注入适量清水，加入盐、鸡粉、白胡椒粉，炒匀。

6 倒入水淀粉，炒匀，关火，盛出炒好的菜肴，装入摆放有小白菜的盘子中即可。

松仁菠菜

⏱ 5分钟　🫘 补铁

原料： 菠菜270克，松仁35克
调料： 盐3克，鸡粉2克，食用油15毫升

扫一扫看视频

做法

1 洗净的菠菜沥干水分，切成三段。

2 冷锅中倒入食用油，放入松仁，翻炒至香味飘出，盛出松仁，装碟，撒上少许盐，拌匀。

3 锅留底油，倒入菠菜，用大火翻炒2分钟至熟软，加入盐、鸡粉，炒匀。

4 关火后盛出炒好的菠菜，装盘，撒上拌好盐的松仁即可。

扫一扫看视频

韭菜花炒河虾

🕐 2分钟　　☁️ 开胃消食

原料： 韭菜花165克，河虾85克，红椒少许

调料： 蚝油4毫升，盐、鸡粉各少许，水淀粉、食用油各适量

做法

1 将洗净的红椒切粗丝；洗好的韭菜花切长段。

2 用油起锅，倒入备好的河虾，炒匀，至其呈亮红色。

3 放入红椒丝、韭菜花，用大火翻炒，至其变软，加入盐、鸡粉、蚝油。

4 再用水淀粉勾芡，炒匀，关火后将炒好的菜肴装入盘中即可。

扫一扫看视频

韭菜炒干贝

🕐 2分钟　🍲 降低血压

原料： 韭菜200克，彩椒60克，干贝80克，姜片少许

调料： 料酒10毫升，盐2克，鸡粉2克，食用油适量

做法

1. 洗净的韭菜切成段；洗好的彩椒切条，装入盘中，备用。
2. 热锅注油并烧热，放入姜片，倒入洗好的干贝，用大火翻炒出香味。
3. 淋入料酒，放入彩椒丝，炒匀，倒入韭菜段，炒至熟软。
4. 加入盐、鸡粉，炒匀调味，关火后盛出炒好的菜肴，装入盘中即可。

扫一扫看视频

西芹百合炒白果

🕐 2分钟　🍲 安神助眠

原料： 西芹150克，鲜百合100克，白果100克，彩椒10克

调料： 鸡粉2克，盐2克，水淀粉3毫升，食用油适量

做法

1. 洗净的彩椒切开，去籽，切成大块；洗好的西芹切成小块。
2. 锅中注入适量清水，用大火烧开，倒入备好的白果、彩椒、西芹、百合，略煮一会儿，将焯好的食材捞出，沥干水分。
3. 热锅注油，倒入焯好的食材，加入盐、鸡粉，淋入水淀粉，翻炒均匀。
4. 关火后将炒好的菜肴盛出，装入盘中即可。

核桃仁芹菜炒香干

⏱ 2分钟　🍲 开胃消食

原料: 香干120克, 胡萝卜70克, 核桃仁35克, 芹菜段60克

调料: 盐2克, 鸡粉2克, 水淀粉、食用油各适量

做法

1 将洗净的香干切细条形; 洗好的胡萝卜切粗丝。

2 热锅注油烧热, 倒入核桃仁, 炸出香味, 捞出核桃仁, 沥干油, 装盘。

3 用油起锅, 倒入芹菜段, 放入胡萝卜丝、香干, 炒匀, 加入盐、鸡粉。

4 用大火炒匀调味, 倒入水淀粉, 用中火翻炒至食材入味。

烹饪小提示

核桃仁不宜炸太长时间, 以免降低其营养价值。

5 再倒入核桃仁, 炒匀, 关火后盛出炒好的菜肴, 装入盘中即可。

鸡丝白菜炒白灵菇

扫一扫看视频

⏱ 5分钟　　🍖 增强免疫力

原料： 白灵菇200克，白菜200克，鸡肉150克，红彩椒30克，葱段、蒜片各少许

调料： 盐、鸡粉各1克，芝麻油、生抽各5毫升，水淀粉、食用油各适量

做法

1 洗净的白灵菇、白菜均切条；洗好的红彩椒去籽，切丝；洗净的鸡肉切丝。

2 沸水锅中倒入白菜，焯熟后捞出；再往锅中倒入白灵菇，焯熟后捞出。

3 用油起锅，倒入鸡肉丝、蒜片炒香，放入白灵菇、生抽、白菜、红彩椒，炒匀。

4 加入盐、鸡粉、葱段、水淀粉、芝麻油，炒匀，关火后盛出菜肴即可。

扫一扫看视频

🕐 5分钟

🐷 增强免疫力

腰果西蓝花

原料： 腰果50克，西蓝花120克
调料： 盐3克，食用油10毫升

烹饪小提示

煸炒腰果时要不停地翻动，以防炒糊了；西蓝花焯水时间过长，会导致其颜色变黄。

做法

1 锅中注入适量清水并烧开，倒入洗净的西蓝花，焯约2分钟至断生。

2 关火，将焯好的西蓝花捞出，沥干水分，装入盘中待用。

3 锅中注入冷油，放入腰果，小火煸炒至腰果微黄，捞出，装入盘中备用。

4 锅底留油，倒入西蓝花，炒匀，放入腰果，炒匀。

5 加入盐，翻炒约1分钟使其入味。

6 关火，将炒好的西蓝花盛入盘中即可。

蒜苗炒口蘑

⏱ 4分钟　　☁ 增强免疫力

扫一扫看视频

原料： 口蘑250克，蒜苗2根，朝天椒圈15克，姜片少许
调料： 盐、鸡粉各1克，蚝油5毫升，生抽5毫升，水淀粉、食用油各适量

做法

1 洗净的口蘑切厚片；洗好的蒜苗用斜刀切成段。

2 锅中注水并烧开，倒入切好的口蘑，氽至断生，捞出，沥干水分，装盘待用。

3 另起锅注油，爆香姜片、朝天椒圈，倒入口蘑、生抽、蚝油，注入清水，炒匀。

4 加入盐、鸡粉、蒜苗，炒至断生，用水淀粉勾芡，关火后盛出菜肴即可。

松仁丝瓜

⏱ 5分钟　🥜 美容养颜

扫一扫看视频

原料： 松仁20克，丝瓜块90克，胡萝卜片30克，姜末、蒜末各少许
调料： 盐3克，鸡粉2克，水淀粉10毫升，食用油5毫升

做法

1 沸水锅中加入少许食用油，倒入胡萝卜片、丝瓜块，焯至断生后捞出。

2 用油起锅，倒入松仁，滑油翻炒片刻，捞出，沥干油，装入盘中。

3 锅底留油，爆香姜末、蒜末，倒入胡萝卜片、丝瓜块，加入盐、鸡粉，炒匀。

4 倒入水淀粉，炒匀，关火，将炒好的丝瓜盛出，撒上松仁即可。

扫一扫看视频

豆腐干炒苦瓜

⏱ 3分钟　🍲 清热解毒

原料： 苦瓜250克，豆腐干100克，红椒30克，姜片、蒜末、葱白各少许

调料： 盐、鸡粉各2克，白糖3克，水淀粉、食用油各适量

做法

1 将洗净的苦瓜去瓤，切成丝；洗好的豆腐干切成粗丝；洗净的红椒切成丝。

2 热锅注油并烧热，倒入豆腐干，炸出香味后捞出，沥干油，放在盘中，待用。

3 用油起锅，爆香姜片、蒜末、葱白，倒入苦瓜丝，加入盐、白糖、鸡粉，炒匀。

4 再注入清水，放入豆腐干、红椒丝，炒至断生，倒入水淀粉勾芡，关火后盛出即可。

扫一扫看视频

苦瓜玉米粒

⏱ 3分钟　🍲 美容养颜

原料： 鲜玉米粒150克，苦瓜80克，彩椒35克，青椒10克，姜末少许，泰式甜辣酱适量

调料： 盐少许，食用油适量

做法

1 将洗净的苦瓜去除瓜瓤，切菱形块；洗好的青椒、彩椒均切丁。

2 沸水锅中倒入玉米粒、苦瓜块、彩椒丁、青椒丁，煮至全部食材断生后捞出，沥干水分。

3 用油起锅，撒上备好的姜末，爆香，倒入焯过水的食材，炒匀炒透。

4 加入盐，倒入备好的甜辣酱，大火快炒至食材熟软、入味，关火后盛出炒好的菜肴，装在盘中即可。

扫一扫看视频

西红柿炒山药

⏱ 4分钟　　☁ 美容养颜

原料： 去皮山药200克，西红柿150克，大葱10克，大蒜5克
调料： 盐、白糖各2克，鸡粉3克，水淀粉、食用油各适量

做法

1 洗净的山药切成块；洗好的西红柿切成小瓣；大蒜切片；洗净的大葱切段。

2 沸水锅中加入少许盐、食用油，倒入山药，焯片刻至断生，捞出山药，装盘。

3 用油起锅，倒入大蒜、大葱、西红柿、山药，加入盐、白糖、鸡粉，炒匀。

4 倒入水淀粉勾芡，炒约2分钟至熟透，关火，将炒好的菜肴盛出即可。

扫一扫看视频

西红柿炒口蘑

⏱ 2分钟　🍲 降压降糖

原料： 西红柿120克，口蘑90克，姜片、蒜末、葱段各适量

调料： 盐4克，鸡粉2克，水淀粉、食用油各适量

做法

1 将洗净的口蘑切成片；洗好的西红柿去蒂，切成小块。

2 锅中注水烧开，放入2克盐，倒入切好的口蘑，煮1分钟至熟，捞出口蘑，沥干水分。

3 用油起锅，放入姜片、蒜末、爆香，倒入口蘑，拌炒匀，加入西红柿，炒匀。

4 放入盐、鸡粉调味，倒入水淀粉勾芡，盛出装盘，放上葱段即可。

扫一扫看视频

豉香佛手瓜

⏱ 2分钟　🍲 补锌

原料： 佛手瓜500克，彩椒15克，豆豉少许

调料： 盐2克，鸡粉、白糖各1克，水淀粉5毫升，食用油适量

做法

1 洗好的佛手瓜去头尾，切成瓣，去瓤，改切成块；洗净的彩椒切块。

2 沸水锅中倒入佛手瓜，加入少许盐、食用油，放入彩椒，略煮至食材断生，捞出，沥干水分，装盘。

3 用油起锅，倒入豆豉，爆香，放入佛手瓜、彩椒，炒匀，加入盐、鸡粉、白糖、水淀粉，炒至食材熟透。

4 关火后盛出炒好的菜肴，装入盘中即可。

扫一扫看视频

⏱ 14分钟

🖐 开胃消食

京酱茄条

原料： 茄子400克，猪肉末200克，青椒20克，红椒20克，鸡蛋1个，蒜末少许

调料： 盐5克，鸡粉、白糖各1克，白胡椒粉2克，甜面酱5克，生粉15克，料酒5毫升，水淀粉、食用油各适量

烹饪小提示

茄子皮可以不全部削掉，每块稍留一些，这样会使最终的菜肴看起来更美观。

做法

1 洗净的茄子去皮，切粗条；洗好的青椒、红椒均去籽，切成丁。

2 取一只碗，倒入清水，加入1克盐，倒入茄子，浸泡10分钟以防止氧化。

3 鸡蛋打入猪肉末中，加入1克盐、料酒、白胡椒粉、生粉，拌匀，腌渍至入味。

4 另取一只碗，放入茄子，倒入生粉拌匀，将茄子放入油锅炸至微黄，捞出。

5 用油起锅，倒入腌好的肉末、甜面酱，注入清水，加入盐、鸡粉、白糖，炒匀。

6 倒入水淀粉，加入蒜末、青椒丁、红椒丁、茄子炒匀，盛出装盘，撒上香菜即可。

豆瓣茄子

⏱ 3分钟　☁ 清热解毒

扫一扫看视频

原料： 茄子300克，红椒40克，姜末、葱花各少许
调料： 盐、鸡粉各2克，生抽、水淀粉各5毫升，豆瓣酱15克，食用油适量

做法

1 洗净去皮的茄子切条；洗好的红椒去籽，切成粒。

2 热锅中注入食用油，烧热后放入茄子，炸至金黄色，捞出，沥干油。

3 锅底留油，放入姜末、红椒，炒香，倒入豆瓣酱，放入茄子，加入清水，炒匀。

4 放入盐、鸡粉、生抽，炒匀，加入水淀粉勾芡，盛出，撒上葱花即可。

扫一扫看视频

鱼香茄子烧四季豆

⏱ 8分钟　☁ 清热解毒

原料： 茄子160克，四季豆120克，肉末65克，青椒20克，红椒15克，姜末、蒜末、葱花各少许

调料： 鸡粉2克，生抽3毫升，料酒3毫升，陈醋7毫升，水淀粉、豆瓣酱、食用油各适量

做法

1 将洗净的青椒、红椒去籽，切成条；洗净的茄子切成条；洗好的四季豆切长段。

2 热油锅中倒入四季豆，炸熟后捞出；倒入茄子，炸软后捞出，再焯水，捞出。

3 用油起锅，放入肉末、姜末、蒜末、豆瓣酱、青椒、红椒、水、鸡粉、生抽。

4 加入料酒、茄子、四季豆、陈醋、水淀粉，炒匀，盛出装盘，撒上葱花即可。

扫一扫看视频

干煸茄丝

⏱ 3分钟　🍳 防癌抗癌

原料： 青茄子350克，青椒45克，蒜末、干辣椒、葱段、葱花各少许

调料： 生抽5毫升，豆瓣酱15克，盐2克，鸡粉2克，辣椒油4毫升，食用油适量

做法

1 洗净的青椒切成段；洗好的青茄子切成条。

2 热锅注油并烧热，倒入茄子，搅散，炸至微黄色，捞出茄子，沥干油。

3 锅底留油，倒入干辣椒、蒜末、葱段，爆香，倒入青椒段，快速翻炒均匀，放入茄子，淋入生抽。

4 菜肴加入豆瓣酱、盐、鸡粉，炒匀调味，淋入辣椒油，翻炒至食材入味，关火后盛出炒好的菜肴，装入盘中，撒上葱花即可。

扫一扫看视频

腰果炒玉米粒

⏱ 2分钟　🍳 美容养颜

原料： 黄瓜、胡萝卜、玉米粒各100克，腰果30克，姜末、蒜末、葱段各少许

调料： 盐3克，鸡粉2克，料酒5毫升，水淀粉少许，食用油适量

做法

1 洗好的黄瓜切成丁；洗净的胡萝卜切成丁。

2 热锅注油烧热，放入腰果，炸至微黄色，捞出，装盘；沸水锅中放入少许盐，倒入胡萝卜、黄瓜、玉米粒，煮熟后捞出全部食材。

3 用油起锅，放入姜末、蒜末、葱段，爆香，倒入焯过水的食材，炒匀，加入盐、鸡粉，淋入料酒，炒匀。

4 用水淀粉勾芡，关火后盛出炒好的菜肴，装入盘中即可。

扫一扫看视频

川味酸辣黄瓜条

⏱ 2分钟　☁ 增强免疫力

原料： 黄瓜150克，红椒40克，泡椒15克，花椒3克，姜片、蒜末、葱段各少许

调料： 白糖3克，辣椒油3毫升，盐2克，白醋4毫升，食用油适量

做法

1 洗好的黄瓜切成条；洗净的红椒去籽，切成丝；泡椒去蒂，切开待用。

2 沸水锅中加入食用油，倒入黄瓜条，煮约1分钟，捞出黄瓜条，沥干水分。

3 用油起锅，爆香姜片、蒜末、葱段、花椒，倒入红椒丝、泡椒、黄瓜条，炒匀。

4 加入白糖、辣椒油、盐、白醋，翻炒均匀使其入味，关火后盛出炒好的菜肴即可。

扫一扫看视频

扫一扫看视频

醋熘黄瓜

⏱ 3分钟　☁ 增强免疫力

原料： 黄瓜200克，彩椒45克，青椒25克，蒜末少许

调料： 盐2克，白糖3克，白醋4毫升，水淀粉8毫升，食用油适量

做法

1 洗净的彩椒、青椒均切开，去籽，切成小块；洗净去皮的黄瓜切开，去籽，用斜刀切成小块，备用。

2 用油起锅，放入蒜末，爆香，倒入切好的黄瓜，加入青椒块、彩椒块，翻炒至熟软。

3 放入盐、白糖、白醋，炒匀调味，淋入水淀粉，快速翻炒均匀。

4 关火后盛出炒好的菜肴，装入盘中即可。

彩椒炒黄瓜

⏱ 2分钟　☁ 增强免疫力

原料： 彩椒80克，黄瓜150克，姜片、蒜末、葱段各少许

调料： 盐2克，鸡粉2克，料酒、生抽、水淀粉、食用油各适量

做法

1 将洗净的彩椒切成块；洗好的黄瓜去皮，对半切开，切长条，再切成小块。

2 用油起锅，放入姜片、蒜末、葱段，爆香，倒入切好的黄瓜、彩椒，淋入适量料酒，炒香。

3 倒入少许清水，加入盐、鸡粉、生抽，炒匀调味。

4 倒入适量水淀粉勾芡，将炒好的菜肴盛出，装入盘中即可。

榨菜炒白萝卜丝

🕐 3分钟 🥣 降低血糖

原料： 榨菜头120克，白萝卜200克，红椒40克，姜片、蒜末、葱段各少许

调料： 盐2克，鸡粉2克，豆瓣酱10克，水淀粉、食用油各适量

做法

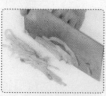

1 洗净去皮的白萝卜切成丝；洗好的榨菜头切成丝；洗净的红椒去籽，切成丝。

2 沸水锅中加入少许食用油、盐，加入榨菜丝、白萝卜丝，焯片刻后捞出榨菜和白萝卜。

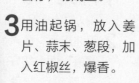

3 用油起锅，放入姜片、蒜末、葱段，加入红椒丝，爆香。

4 倒入榨菜丝、白萝卜丝，翻炒均匀，加入鸡粉、盐、豆瓣酱，炒匀调味。

烹饪小提示

翻炒萝卜丝的时间不宜过长，否则会炒出水，使萝卜丝失去脆劲。

5 倒入水淀粉，翻炒均匀，关火后将炒好的菜肴装入盘中即可。

黄油豌豆炒胡萝卜

扫一扫看视频

🕐 3分钟　　🌰 增强免疫力

原料： 胡萝卜150克，黄油8克，熟豌豆50克，鸡汤50毫升
调料： 盐3克

做法

1 洗净去皮的胡萝卜切片，再切丝，备用。

2 将锅置于炉灶上，开火，倒入黄油，加热至其熔化。

3 放入胡萝卜，炒匀，倒入鸡汤，加入盐，炒匀。

4 放入熟豌豆，炒匀，关火后盛出锅中的菜肴，装入盘中即可。

扫一扫看视频

胡萝卜凉薯片

⏱ 4分钟　🧠 保护视力

原料： 去皮凉薯200克，去皮胡萝卜100克，青椒25克

调料： 盐、鸡粉各1克，蚝油5毫升，食用油适量

做法

1 洗净的凉薯切成片；洗好的胡萝卜切薄片；洗净的青椒去柄去籽，切成块。

2 热锅注油，倒入切好的胡萝卜，炒拌，放入切好的凉薯，炒至食材熟透。

3 倒入切好的青椒，加入盐、鸡粉，炒拌，注入清水，炒匀。

4 放入蚝油，翻炒约1分钟至入味，关火后将菜肴盛出即可。

扫一扫看视频

豆豉炒三丝

⏱ 2分钟　🍲 增强免疫力

原料： 土豆150克，胡萝卜150克，榨菜丝20克，豆豉10克

调料： 盐2克，鸡粉3克，食用油适量

> **做法**

1 洗净去皮的胡萝卜切片，改切成丝；洗好去皮的土豆切片，改切成丝。

2 锅中注入适量清水并烧开，倒入土豆、胡萝卜，焯片刻，关火后捞出焯好的菜，装盘备用。

3 用油起锅，倒入豆豉，炒匀，加入榨菜丝，炒匀，倒入胡萝卜丝、土豆丝，炒匀。

4 加入盐、鸡粉，翻炒约1分钟至食材熟透，关火后盛出，装入盘中即可。

扫一扫看视频

鱼香土豆丝

⏱ 2分钟　🍲 瘦身排毒

原料： 土豆200克，青椒40克，红椒40克，葱段、蒜末各少许

调料： 豆瓣酱15克，陈醋6毫升，白糖2克，盐、鸡粉、食用油各适量

> **做法**

1 洗净去皮的土豆切成丝，洗好的红椒、青椒均切成段，再切开，去籽，改切成丝。

2 用油起锅，放入蒜末、葱段，爆香，倒入土豆丝、青椒丝、红椒丝，快速翻炒均匀。

3 加入豆瓣酱、盐、鸡粉，再放入白糖，淋入陈醋，快速翻炒均匀，至食材入味。

4 关火后盛出炒好的菜肴，装入盘即可。

扫一扫看视频

🕐 4分钟

开胃消食

酸辣土豆丝

原料： 土豆250克，干辣椒、葱花各适量

调料： 盐3克，鸡粉2克，白糖2克，白醋6毫升，植物油10毫升，芝麻油少许

烹饪小提示

切好的土豆如若不立即使用，最好将其放入清水中浸泡，避免其氧化变色。

做法

1 去皮洗净的土豆切片，改刀切丝。

2 用油起锅，放入干辣椒，爆香。

3 放入切好的土豆丝，翻炒至断生。

4 加入盐、白糖、鸡粉，炒匀。

5 淋入白醋，炒约1分钟至入味，倒入少许芝麻油，炒匀。

6 关火后盛出炒好的菜肴，装在盘中，撒上葱花即可。

青椒炒土豆丝

⏱ 5分钟　☁ 开胃消食

原料： 青椒60克，土豆300克，猪瘦肉150克，胡萝卜适量，蒜末、姜丝各少许
调料： 盐、鸡粉各2克，料酒3毫升，生抽4毫升，生粉、食用油各适量

做法

1 洗净去皮的胡萝卜、土豆均切成丝；洗净的青椒切成丝；洗好的猪瘦肉切丝。

2 瘦肉丝装碗，放入少许的盐、鸡粉、食用油、料酒，加入生抽、生粉拌匀，腌渍至其入味。

3 用油起锅，爆香蒜末，倒入肉丝、胡萝卜丝、姜丝、青椒丝、土豆丝，炒匀。

4 加入盐、鸡粉、料酒，炒匀，关火后盛出炒好的菜肴，装入盘中即可。

扫一扫看视频

青椒炒油豆腐

⏱ 3分钟　☁ 增强免疫力

原料： 油豆腐100克，青椒、红椒各20克，姜片、葱段、干辣椒各少许

调料： 盐、鸡粉各2克，生抽2毫升，蚝油3毫升，料酒5毫升，水淀粉少许，食用油适量

做法

1 将油豆腐切成小块；洗好的青椒、红椒切成小块，备用。

2 用油起锅，放入姜片，爆香，倒入青椒、红椒，炒匀，加入干辣椒，炒匀。

3 倒入油豆腐，加入清水，炒匀，淋入料酒，加入盐、鸡粉、蚝油、生抽，炒匀。

4 放入葱段，炒匀，用水淀粉勾芡，关火后盛出炒好的菜肴，装入盘中即可。

扫一扫看视频

翠玉烩珍珠

🕐 5分钟　🍳 清热解毒

原料： 荷兰豆80克，水发珍珠木耳100克，枸杞20克，去皮山药130克

调料： 盐、鸡粉各2克，白糖3克，水淀粉、食用油各适量

做法

1 洗净的山药切厚片，改切成条。

2 锅中注入适量清水并烧开，倒入山药条、荷兰豆、珍珠木耳，焯片刻，关火后盛出焯好的食材，沥干水分，装入盘中待用。

3 用油起锅，放入山药条、荷兰豆、珍珠木耳、枸杞，炒匀，加入盐、鸡粉、白糖、水淀粉，翻炒约3分钟至食材熟透。

4 关火后盛出炒好的菜肴，装入盘中即可。

扫一扫看视频

山药木耳炒核桃仁

🕐 2分钟　🍳 降低血压

原料： 山药90克，水发木耳40克，西芹50克，彩椒60克，核桃仁30克，白芝麻少许

调料： 盐3克，白糖10克，生抽3毫升，水淀粉4毫升，食用油适量

做法

1 洗净去皮的山药切成片；洗好的木耳、彩椒、西芹均切成小块。

2 沸水锅中加入少许盐、食用油，加入山药、木耳、西芹、彩椒，焯片刻后捞出全部食材。

3 用油起锅，倒入核桃仁，炸香后捞出，放入盘中，与白芝麻拌匀；锅底留油，放入少许白糖、核桃仁炒匀，盛出，撒上白芝麻拌匀。

4 热锅注油，倒入焯过水的食材，加入盐、生抽、白糖、水淀粉炒匀，盛出，放上核桃仁即可。

扫一扫看视频

彩椒山药炒玉米

⏱ 3分钟　🫘 降低血压

原料： 鲜玉米粒60克，彩椒25克，圆椒20克，山药120克

调料： 盐2克，白糖2克，鸡粉2克，水淀粉10毫升，食用油适量

做法

1 洗净的彩椒、圆椒均切成块；洗净去皮的山药切成丁。

2 沸水锅中倒入玉米粒、山药、彩椒、圆椒，加入少许食用油、盐，煮熟后捞出食材。

3 用油起锅，倒入焯过水的食材，炒匀，加入盐、白糖、鸡粉，炒匀调味。

4 用水淀粉勾芡，关火后盛出菜肴即可。

扫一扫看视频

扫一扫看视频

芦笋炒百合

🕐 2分钟　🍽 开胃消食

原料： 芦笋150克，鲜百合60克，红椒20克

调料： 盐、味精、鸡粉各3克，水淀粉10毫升，料酒3毫升，食用油、芝麻油各适量

做法

1　洗净的芦笋去皮，切成长段；洗净的红椒去籽，切成片。

2　沸水锅中加少许食用油，倒入切好的芦笋，煮沸后捞出，备用。

3　用油起锅，倒入红椒片，炒香，倒入芦笋，再加入百合炒匀，淋入料酒。

4　加盐、味精、鸡粉，炒匀，再加入水淀粉勾芡，淋入芝麻油炒匀，起锅，将菜肴盛入盘中即可。

珍珠莴笋炒白玉菇

🕐 5分钟　🍽 开胃消食

原料： 水发珍珠木耳160克，去皮莴笋95克，白玉菇110克，蒜末少许

调料： 盐、鸡粉各2克，料酒5毫升，水淀粉、食用油各适量

做法

1　洗净的莴笋切菱形片；洗好的白玉菇切段。

2　锅中注入适量清水并烧开，倒入洗净的珍珠木耳、白玉菇、莴笋，焯片刻，关火后盛出焯好的食材。

3　用油起锅，放入蒜末，爆香，倒入珍珠木耳、白玉菇、莴笋，淋入料酒，翻炒约2分钟至食材熟软。

4　加入盐、鸡粉、水淀粉，翻炒片刻至入味，关火后盛出炒好的菜肴即可。

扫一扫看视频

2分钟

降压降糖

莴笋蘑菇

原料： 莴笋120克，秀珍菇60克，红椒15克，姜末、蒜末、葱末各少许

调料： 盐2克，鸡粉2克，水淀粉、食用油各适量

烹饪小提示

烹饪莴笋时，要少放盐，否则会影响口感；另外，莴笋片宜用大火快炒，口感才香脆。

做法

1 将洗净去皮的莴笋切成片；洗好的秀珍菇切成小块；洗净的红椒切成小块。

2 用油起锅，倒入姜末、蒜末、葱末，用大火爆香。

3 放入切好的秀珍菇，拌炒片刻，倒入莴笋、红椒，翻炒均匀。

4 加少许清水，炒匀，至全部食材熟透。

5 放入盐、鸡粉，拌炒均匀，再倒入水淀粉。

6 快速翻炒食材，使其裹匀芡汁，起锅，盛出炒好的菜肴，装入盘中即可。

葱椒莴笋

⏱ 4分钟　　🫁 降低血压

扫一扫看视频

原料： 莴笋200克，红椒30克，葱段、花椒、蒜末各少许
调料： 盐4克，鸡粉2克，豆瓣酱10克，水淀粉8毫升，食用油适量

做法

1 洗净去皮的莴笋切成片；洗好的红椒去籽，切成小块。

2 沸水锅中倒入食用油、盐，放入莴笋片，煮至八成熟后捞出，沥干水分。

3 用油起锅，爆香红椒、葱段、蒜末、花椒，加入莴笋、豆瓣酱、盐、鸡粉炒匀。

4 淋入水淀粉，快速翻炒均匀，关火后盛出炒好的菜肴，装入盘中即可。

扫一扫看视频

蚝油茭白

⏱ 3分钟　🧠 降低血压

原料： 茭白200克，彩椒80克

调料： 盐3克，鸡粉3克，水淀粉4毫升，蚝油8毫升，食用油适量

做法

1 洗净去皮的茭白切成片；洗好的彩椒切成小块。

2 沸水锅中放入少许盐、鸡粉，倒入彩椒、茭白，煮至其断生，捞出，沥干水分。

3 用油起锅，倒入焯过水的彩椒和茭白，翻炒均匀。

4 放入蚝油、盐、鸡粉，炒匀调味。

烹饪小提示

已经焯过的茭白，入锅后宜快炒，以防炒老了影响茭白脆嫩的口感。

5 淋入水淀粉，快速翻炒，关火后盛出炒好的菜肴，装盘即可。

小白菜炒茭白

⏱ 8分钟　☁ 增强免疫力

原料： 小白菜120克，茭白85克，彩椒少许
调料： 盐3克，鸡粉2克，料酒4毫升，水淀粉、食用油各适量

做法

1 洗净的小白菜放入盘中，撒上1克盐，拌匀，腌渍至其变软，切成长段。

2 洗净的茭白切成粗丝；洗好的彩椒切成粗丝。

3 用油起锅，倒入茭白，炒出水分，放入彩椒丝、盐、料酒，炒匀，倒入小白菜。

4 用大火翻炒均匀，加入鸡粉炒匀，再用水淀粉勾芡，关火后盛出炒好的菜肴即可。

扫一扫看视频

笋菇菜心

🕐 4分钟　☁ 开胃消食

原料： 去皮冬笋180克，菜心100克，水发香菇150克，姜片、蒜片、葱段各少许

调料： 盐2克，鸡粉1克，蚝油5毫升，生抽、水淀粉各5毫升，芝麻油、食用油各适量

做法

1 洗好的冬笋切段；洗净的香菇切块。沸水锅中加入少许盐、油，加入菜心，焯熟后捞出。

2 再往锅中倒入香菇，焯熟后捞出；继续往锅中倒入冬笋，焯熟后捞出。

3 另起锅注油，爆香姜片、蒜片，放入香菇、冬笋、生抽、蚝油，炒匀，注入清水。

4 加入盐、鸡粉、葱段、水淀粉、芝麻油，炒匀，将菜肴盛入装有菜心的盘中即可。

扫一扫看视频

扫一扫看视频

酱爆藕丁

⏱ 3分钟　🍎 益气补血

原料： 莲藕丁270克，甜面酱30克，熟豌豆50克，熟花生45克，葱段、干辣椒各少许

调料： 盐2克，鸡粉少许，食用油适量

做法

1 锅中注入适量清水并烧开，倒入莲藕丁，拌匀，煮约1分钟，至其断生后捞出，沥干水分，待用。

2 用油起锅，撒上葱段、干辣椒，爆香，倒入焯过水的藕丁，炒匀，注入少许清水。

3 放入甜面酱，炒匀，加入盐、鸡粉，用大火翻炒一会儿，至食材入味。

4 关火后盛出炒好的材料，装入盘中，撒上熟豌豆、熟花生即可。

老干妈孜然莲藕

⏱ 5分钟　🍎 益气补血

原料： 去皮莲藕400克，老干妈酱30克，姜片、蒜末、葱段各少许

调料： 盐3克，鸡粉2克，孜然粉5克，生抽、白醋、食用油各适量

做法

1 洗净的莲藕对半切开，切薄片。

2 取一只碗，注入清水，放入1克盐、白醋，拌匀，倒入莲藕，拌匀。

3 沸水锅中倒入莲藕，焯熟后捞出，放入凉水中，冷却后沥干水分，装入盘中。

4 用油起锅，倒入姜片、蒜末，爆香，放入老干妈酱，拌匀，加入孜然粉，倒入莲藕，加入生抽、盐、鸡粉，翻炒至其入味，放入葱段，炒匀，关火后将炒好的菜肴盛出，装入盘中即可。

扫一扫看视频

腊肠脆藕

⏱ 5分钟　☁ 益气补血

原料： 腊肠100克，去皮莲藕250克，洋葱100克，姜片、葱段各少许

调料： 盐2克，鸡粉3克，水淀粉、食用油各适量

做法

1 洗净的洋葱切粗条；腊肠切成粗条；洗好的莲藕切厚片，改切粗条。

2 沸水锅中倒入莲藕、腊肠，焯片刻，关火后捞出焯好的食材，沥干水分。

3 用油起锅，倒入姜片，爆香，放入洋葱、腊肠、莲藕，翻炒均匀。

4 加入盐、鸡粉，注入适量清水，倒入水淀粉，炒匀。

烹饪小提示

切好的莲藕最好用清水加少许醋浸泡一会儿，这样炒出来的莲藕不会变黑。

5 放入葱段，翻炒约3分钟至熟软，关火后盛出炒好的菜肴，装入盘中即可。

莲藕炒秋葵

⏱ 2分钟　　☁ 清热解毒

原料： 去皮莲藕250克，去皮胡萝卜150克，秋葵50克，红彩椒10克
调料： 盐2克，鸡粉1克，食用油5毫升

做法

1 洗净的胡萝卜、莲藕、红彩椒、秋葵均切成片。

2 锅中注水并烧开，加入少许油、盐，拌匀，倒入切好的胡萝卜、莲藕，拌匀。

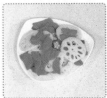

3 放入切好的红彩椒、秋葵，拌匀，焯至食材断生，捞出焯好的食材，沥干水分。

4 用油起锅，倒入焯好的食材，加入盐、鸡粉，炒匀，关火后盛出炒好的菜肴即可。

扫一扫看视频

⏱ 5分钟

🫃 清热解毒

干煸藕条

原料： 莲藕230克，玉米淀粉60克，葱丝、红椒丝、干辣椒、花椒各适量，白芝麻、姜片、蒜头各少许

调料： 盐2克，鸡粉少许，食用油适量

烹饪小提示

藕条滚上玉米淀粉前，最好先粘上少许水，这样淀粉会贴得更紧，油炸后口感会更好。

做法

1 将去皮洗净的莲藕切成条形。

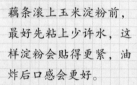

2 取备好的玉米淀粉，用藕条滚上淀粉，腌渍一小会儿。

3 热锅注油并烧热，放入藕条，用中小火炸至食材呈金黄色，捞出，沥干油。

4 用油起锅，倒入干辣椒、花椒，放入姜片、蒜头，爆香。

5 倒入炸好的藕条，炒匀，加入盐、鸡粉，炒匀调味。

6 关火后盛出炒好的菜肴，装在盘中，撒上熟白芝麻，点缀上葱丝、红椒丝即成。

川香豆角

⏱ 7分钟　🍲 益气补血

原料： 豆角350克，蒜末5克，干辣椒3克，花椒8克，白芝麻10克
调料： 盐2克，鸡粉3克，蚝油、食用油各适量

做法

1 将洗净的豆角沥干水分，切成段。

2 用油起锅，倒入蒜末、花椒、干辣椒，爆香，加入豆角，翻炒均匀。

3 倒入少许清水，翻炒约5分钟至熟软，加入盐、蚝油、鸡粉，翻炒至食材入味。

4 关火，将炒好的豆角盛入盘中，撒上白芝麻即可。

豆角烧茄子

🕐 3分钟　　🍳 降低血压

原料： 豆角130克，茄子75克，肉末35克，红椒25克，蒜末、姜末、葱花各少许

调料： 盐、鸡粉各2克，白糖少许，料酒4毫升，水淀粉、食用油各适量

做法

1 将洗净的豆角切长段；洗好的茄子切成长条；洗净的红椒切碎末。

2 热油锅中倒入茄条，炸至其变软，捞出；再倒入豆角，炸熟后捞出。

3 用油起锅，倒入肉末，炒至变色，放入姜末、蒜末、红椒末、炸过的食材，炒匀。

4 加入盐、白糖、鸡粉、料酒、水淀粉炒匀，盛出炒好的菜肴，撒上葱花即成。

扫一扫看视频

鸳鸯豆角

🕐 3分钟　🍲 生津止渴

原料： 豆角120克，酸豆角100克，肉末35克，剁椒酱15克，红椒20克，泡小米椒12克，蒜末、姜末、葱花各少许

调料： 盐2克，鸡粉少许，料酒4毫升，水淀粉、食用油各适量

做法

1 将洗净的豆角、酸豆角均切长段；洗好的泡小米椒切小段；洗净的红椒切条形。

2 沸水锅中倒入豆角，焯熟后捞出；再倒入酸豆角，去除多余盐分，捞出。

3 用油起锅，倒入肉末，炒匀，倒入蒜末、姜末、葱花、泡小米椒、剁椒酱，炒匀。

4 注入清水，倒入焯过水的食材、红椒条，加入料酒、盐、鸡粉、水淀粉，炒匀即可。

扫一扫看视频

辣炒刀豆

🕐 3分钟　🍲 增强免疫力

原料： 刀豆100克，红椒40克，蒜末少许

调料： 盐、鸡粉各2克，水淀粉、食用油各适量

做法

1 将洗净的刀豆斜刀切菱形片；洗好的红椒斜刀切段。

2 用油起锅，撒上备好的蒜末，爆香，倒入红椒段，炒匀，放入切好的刀豆。

3 炒匀炒香，注入少许清水，炒匀，至刀豆变软，转小火，加入盐、鸡粉，炒匀调味。

4 再用水淀粉勾芡，至食材入味，关火后盛出炒好的菜肴，装在盘中即可。

扫一扫看视频

素炒黄豆芽

⏱ 3分钟　🍚 美容养颜

原料： 黄豆芽150克，青椒、红椒各40克，姜片、蒜末、葱段各适量

调料： 盐、鸡粉各2克，料酒3毫升，水淀粉少许，食用油适量

做法

1 洗好的红椒、青椒均切段，再切开，去籽，改切成丝。

2 用油起锅，爆香姜片、蒜末、葱段，倒入青椒、红椒，放入洗好的豆芽，炒匀。

3 放入盐、鸡粉，淋入料酒，翻炒至食材熟软、入味。

4 用水淀粉勾芡，关火后盛出炒好的菜肴，装入盘中即可。

扫一扫看视频

扫一扫看视频

酱爆素三丁

⏱ 2分钟　🍳 防癌抗癌

原料： 青豆180克，杏鲍菇90克，胡萝卜100克，甜面酱15克，葱段、姜片各少许

调料： 盐2克，白糖2克，鸡粉2克，水淀粉、食用油各适量

做法

1 将洗净去皮的胡萝卜切厚片、切条，改切丁；杏鲍菇对半切开，切成丁。

2 锅中注入清水烧开，倒入杏鲍菇、胡萝卜，焯约半分钟，加入青豆，煮至断生，把食材捞出，沥干水分。

3 用油起锅，放入姜片、葱段，爆香，倒入焯好的食材，放入甜面酱，放盐、白糖、鸡粉，炒匀。

4 倒入少许清水，炒匀，放水淀粉勾芡，将炒好的菜肴盛出装盘即可。

青豆玉米炒虾仁

⏱ 5分钟　🍳 开胃消食

原料： 青豆80克，鲜玉米粒100克，虾仁15个，蒜末、姜片各10克

调料： 盐3克，鸡粉2克，料酒、水淀粉各5毫升，食用油10毫升

做法

1 碗中放入洗净的虾仁，加入少许料酒、盐、水淀粉，拌匀，腌渍至入味。

2 沸水锅中倒入洗好的青豆、玉米粒，焯至食材断生，捞出玉米粒、青豆。

3 用油起锅，倒入蒜末、姜片，爆香，放入虾仁、料酒，炒匀至虾仁转色。

4 倒入玉米粒、青豆，炒至食材熟透，加入盐、鸡粉、水淀粉炒匀，关火后盛出炒好的菜肴，装盘即可。

扫一扫看视频

麻婆豆腐

⏱ 4分30秒　☁ 开胃消食

原料： 牛肉100克，豆腐350克，红椒30克，辣椒面20克，花椒粉10克，姜片、葱花各少许

调料： 盐4克，鸡粉2克，豆瓣酱10克，生抽5毫升，料酒5毫升，水淀粉8毫升，食用油适量

做法

1 洗好的豆腐切成小块；洗净的红椒去籽，切成粒；洗好的牛肉切成肉末。

2 沸水锅中放入1克盐，倒入豆腐块，搅匀，去除其酸味，捞出豆腐块，沥干水分。

3 炒锅中倒入食用油烧热，放入姜片，爆香，倒入牛肉末、红椒粒、料酒，炒匀。

4 放入辣椒面、花椒粉、豆瓣酱、生抽，炒匀，加入清水、豆腐、盐、鸡粉。

烹饪小提示

在焯豆腐时，加少许盐，这样豆腐就不易碎了。

5 倒入水淀粉，翻炒均匀，关火后盛出炒好的菜肴，撒上葱花即可。

双菇争艳

 3分钟　　降低血脂

扫一扫看视频

原料： 杏鲍菇180克，鲜香菇100克，去皮胡萝卜80克，黄瓜70克，蒜末、姜片各少许

调料： 盐2克，水淀粉5毫升，食用油少许

做法

1 洗好的黄瓜、胡萝卜、杏鲍菇均切薄片；洗好的香菇去蒂，切片。

2 沸水锅中倒入杏鲍菇、胡萝卜、香菇，焯至断生，捞出食材，装盘待用。

3 用油起锅，爆香姜片、蒜末，倒入焯好的食材，加入黄瓜，炒至熟软。

4 加入盐，炒匀，用水淀粉勾芡，至食材入味，关火后盛出菜肴即可。

扫一扫看视频

⏱ 2分钟

益气补血

炒素三丝

原料： 绿豆芽100克，金针菇80克，青椒、红椒各20克，豆腐皮120克，姜丝、蒜末、葱段各少许

调料： 盐、鸡粉各2克，料酒5毫升，食用油适量

烹饪小提示

金针菇焯一下后再烹饪，能去除其异味；绿豆芽性寒，配上一点姜丝，能中和它的寒性。

做法

1 洗好的绿豆芽切去头尾；洗净的金针菇切去根部。

2 洗好的青椒、红椒切成丝；洗净的豆腐皮切成丝，备用。

3 用油起锅，放入葱段、姜丝、蒜末，爆香，炒匀。

4 倒入金针菇、青椒丝、红椒丝，放入切好的豆腐皮、绿豆芽，炒匀。

5 加入盐、鸡粉，炒匀调味，淋入料酒，炒至食材完全熟软。

6 关火后盛出炒好的菜肴，装入盘中即可。

红烧白灵菇

⏱ 5分钟　　🥚 增强免疫力

扫一扫看视频

原料： 白灵菇230克，黄瓜90克，胡萝卜30克，姜片、蒜末、葱段各少许

调料： 盐、鸡粉各2克，白糖3克，料酒5毫升，生抽2毫升，水淀粉、食用油各适量

做法

1 洗净的白灵菇切厚片；洗好的黄瓜切成片；洗净的胡萝卜切成片。

2 热油锅中倒入白灵菇片，炸至其呈金黄色，捞出，沥干油，装入盘中。

3 锅底留油，爆香姜片、蒜末，放入黄瓜片、胡萝卜片、白灵菇片，炒匀。

4 加入料酒、生抽、清水，加入盐、白糖、鸡粉、水淀粉、葱段，炒匀盛出即可。

扫一扫看视频

酱爆茶树菇

🕐 5分钟　　🍲 增强免疫力

原料： 茶树菇400克，豆瓣酱30克，瘦肉100克，青椒30克，红椒30克，去皮胡萝卜50克

调料： 盐2克，鸡粉3克，料酒、生抽各5毫升，水淀粉、食用油各适量

做法

1 洗净的瘦肉、胡萝卜均切成丝；洗净的青椒、红椒均去柄、去籽，切丝。

2 取一碗，放入瘦肉，加入盐、料酒、水淀粉，拌匀，腌渍片刻，使其上浆。

3 沸水锅中倒入茶树菇，焯熟后捞出；用油起锅，倒入瘦肉、豆瓣酱，炒匀。

4 倒入胡萝卜、青椒、红椒、茶树菇，加入生抽、鸡粉、适量清水，炒匀盛出即可。

PART 03 解馋畜肉小炒，分分钟诱惑你的胃

在劳累一天后，一盘畜肉小炒既可以温暖你的肠胃，也可以为你补充身体所需营养，可谓好处多多。本部分将为你介绍常见的经典畜肉小炒，道道诱人，让无肉不欢的你垂涎欲滴、跃跃欲试！

鱼香肉丝

🕐 6分钟　　🫘 增强免疫力

原料： 白灵菇210克，瘦肉200克，去皮胡萝卜110克，水发木耳90克，豆瓣酱30克，姜末、蒜末、葱段各少许

调料： 盐、白糖、鸡粉各2克，料酒、生抽、陈醋各5毫升，白胡椒粉、水淀粉、食用油各适量

做法

1 洗净的胡萝卜、木耳、瘦肉均切成丝；洗好的白灵菇切成粗条。

2 取一碗，放入瘦肉丝，加入少许盐、料酒、食用油，加入白胡椒粉拌匀，腌渍片刻。

3 热油锅中倒入白灵菇条，炸至金黄色，捞出；用油起锅，倒入瘦肉丝炒匀。

4 加入蒜末、姜末，爆香，放入豆瓣酱、胡萝卜丝、木耳丝、白灵菇条，炒至熟。

烹饪小提示

焯白灵菇时一定要煮熟透，不然会导致菜的口感偏生。

5 加入料酒、生抽、盐、白糖、鸡粉、陈醋、葱段、清水，炒匀，盛入盘中即可。

酱炒肉丝

⏱ 3分钟　　☁ 增强免疫力

原料： 猪里脊肉230克，黄瓜120克，蛋清20克，葱丝、姜丝各少许

调料： 鸡粉3克，盐3克，甜面酱30克，生抽8毫升，料酒6毫升，水淀粉4毫升，食用油适量

做法

1 洗净的黄瓜切成细丝；洗好的猪里脊切成丝，装入碗中。

2 肉丝加适量生抽、料酒，加入蛋清、生粉腌渍片刻；取一个盘，放入葱丝，铺上黄瓜待用。

3 热锅注油烧热，倒入肉丝，滑油至变色，捞出；用油起锅，倒入姜丝，爆香。

4 加入甜面酱、鸡粉、盐、生抽、料酒、水淀粉、肉丝，炒匀，盛出，放在黄瓜丝上即可。

干煸芹菜肉丝

🕐 3分钟　　益气补血

原料： 猪里脊肉220克，芹菜50克，干辣椒8克，青椒20克，红小米椒10克，葱段、姜片、蒜末各少许

调料： 豆瓣酱12克，鸡粉、胡椒粉各少许，生抽5毫升，花椒油、食用油各适量

扫一扫看视频

做法

 **1** 将洗净的青椒去籽，切细丝；洗好的红小米椒切丝；洗净的芹菜切段。

 **2** 洗好的猪里脊肉切细丝，放入热油锅中，炒匀，煸干水汽，盛出，沥干油。

 **3** 用油起锅，放入干辣椒，炸香后盛出，爆香葱段、姜片、蒜末，加入豆瓣酱、肉丝。

 **4** 放入料酒、红小米椒、芹菜、青椒、生抽、鸡粉、胡椒粉、花椒油，炒匀即可。

扫一扫看视频

扫一扫看视频

草菇花菜炒肉丝

⏱ 13分钟　☁ 清热解毒

原料： 草菇70克，彩椒20克，花菜180克，猪瘦肉240克，姜片、蒜末、葱段各少许

调料： 盐3克，生抽4毫升，料酒8毫升，蚝油、水淀粉、食用油各适量

做法

1 洗好的草菇对半切开；洗净的彩椒切粗丝；洗好的花菜切小朵；洗净的猪瘦肉切细丝，装入碗中，加入少许料酒、盐、水淀粉、食用油，拌匀，腌渍入味。

2 沸水锅中加入少许盐、料酒、食用油，加入草菇、花菜、彩椒，煮熟后捞出。

3 用油起锅，放入肉丝、姜片、蒜末、葱段、焯过水的食材、盐、生抽、料酒、蚝油、水淀粉，炒匀即可。

木耳黄花菜炒肉丝

⏱ 14分钟　☁ 清热解毒

原料： 水发木耳100克，水发黄花菜130克，猪瘦肉95克，彩椒20克

调料： 盐、鸡粉各2克，生抽3毫升，料酒5毫升，水淀粉、食用油各适量

做法

1 洗净的黄花菜切段；洗好的彩椒切成条；洗净的猪瘦肉切成细丝。

2 将肉丝放入碗中，加入少许盐、水淀粉，拌匀，腌渍至其入味。

3 沸水锅中放入黄花菜、木耳、彩椒，煮至断生，捞出，沥干水分，装盘。

4 用油起锅，倒入肉丝，炒至其变色，放入料酒、焯过水的材料，炒匀。

5 加入盐、鸡粉、生抽、水淀粉，翻炒均匀，关火后盛出炒好的菜肴即可。

扫一扫看视频

⏱ 12分钟

美容养颜

白菜木耳炒肉丝

原料： 白菜80克，水发木耳60克，猪瘦肉100克，红椒10克，姜片、蒜末、葱段各少许

调料： 盐2克，生抽3毫升，料酒5毫升，水淀粉6毫升，白糖3克，鸡粉2克，食用油适量

烹饪小提示

白菜不要炒得太久，否则容易炒干水分，影响口感；肉丝不宜切得太细，以免菜肴口感不佳。

做法

1 洗净的白菜切粗丝；洗好的木耳切小块；洗净的红椒切条；洗好的猪瘦肉切成细丝。

2 把肉丝装入碗中，加入少许盐、料酒、水淀粉，加入生抽，拌匀，腌渍至其入味。

3 用油起锅，倒入肉丝，炒匀，放入姜末、蒜末、葱段，爆香。

4 倒入红椒，炒匀，淋入料酒，炒匀，倒入木耳，炒匀，放入白菜，炒至变软。

5 加入盐、白糖、鸡粉、水淀粉，翻炒均匀，至食材入味。

6 关火后盛出炒好的菜肴即可。

莴笋炒瘦肉

 12分钟　　降低血压

原料： 莴笋200克，瘦肉120克，葱段、蒜末各少许

调料： 盐2克，鸡粉、白胡椒粉各少许，料酒3毫升，生抽4毫升，水淀粉、芝麻油、食用油各适量

做法

1 去皮洗净的莴笋切细丝；洗好的瘦肉切丝，装入碗中。

2 碗中加入1克盐、料酒、生抽、白胡椒粉，加少许水淀粉、食用油，拌匀腌渍。

3 用油起锅，倒入肉丝，炒至其转色，放入葱段、蒜末、莴笋丝、盐、鸡粉，炒匀。

4 注入清水，炒匀，用水淀粉勾芡，淋入芝麻油，炒香，关火后盛入盘中即可。

芦笋鲜蘑菇炒肉丝

🕐 4分钟　　🍲 增强免疫力

原料： 芦笋75克，口蘑60克，猪肉110克，蒜末少许
调料： 盐2克，鸡粉2克，料酒5毫升，水淀粉、食用油各适量

做法

1 洗净的口蘑、芦笋均切成条形。洗净的猪肉切成细丝，装碗，加入少许盐、鸡粉。

2 倒入少许水淀粉、食用油，拌匀。沸水锅中加入少许盐、食用油，放入口蘑、芦笋，煮熟后捞出。

3 热油锅中倒入肉丝，滑油后捞出；锅底留油烧热，倒入蒜末、焯过水的食材。

4 放入猪肉丝、料酒、盐、鸡粉、水淀粉，翻炒均匀，关火后盛出炒好的菜肴即可。

扫一扫看视频

甜椒韭菜花炒肉丝

🕐 12分　🍲 益气补血

原料： 韭菜花100克，猪里脊肉140克，彩椒35克，姜片、葱段、蒜末各少许

调料： 盐2克，鸡粉少许，生抽3毫升，料酒5毫升，水淀粉、食用油各适量

做法

1 将洗净的韭菜花切长段；洗好的彩椒切粗丝；洗净的里脊肉切细丝。

2 把肉丝放入碗中，加入少许盐、料酒、鸡粉、水淀粉、食用油，拌匀，腌渍至其入味。

3 用油起锅，倒入肉丝，炒匀，撒上姜片、葱段、蒜末，炒出香味。

4 淋入料酒，倒入韭菜花、彩椒丝，翻炒至食材熟软，加入盐、鸡粉、生抽、水淀粉，炒匀。

5 关火后盛出炒好的菜肴，装入盘中即可。

扫一扫看视频

包菜炒肉丝

🕐 12分钟　🍲 增强免疫力

原料： 猪瘦肉200克，包菜200克，红椒15克，蒜末、葱段各少许

调料： 盐3克，白醋2毫升，白糖4克，料酒、鸡粉、水淀粉、食用油各适量

做法

1 将洗净的包菜切成丝；洗好的红椒去籽，切成丝；洗净的猪瘦肉切成丝。

2 将肉丝放入碗中，加入少许盐、鸡粉、水淀粉、食用油，拌匀，腌渍至入味。

3 沸水锅中放入少许食用油，加入包菜，拌匀，煮至其断生，捞出包菜，沥干水分。

4 用油起锅，放入蒜末，爆香，倒入肉丝、料酒、包菜、红椒，加入白醋、盐、鸡粉、白糖、葱段、水淀粉，炒匀，盛出即可。

扫一扫看视频

西芹黄花菜炒肉丝

🕐 12分钟　🥘 降低血压

原料： 西芹80克，水发黄花菜80克，彩椒60克，瘦肉200克，蒜末、葱段各少许

调料： 盐3克，鸡粉3克，生抽5毫升，水淀粉5毫升，食用油适量

做法

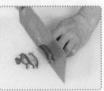

1 泡好的黄花菜切去花蒂；洗净的彩椒去籽，切成丝；洗好的瘦肉、西芹均切成丝。

2 将肉丝装入碗中，加入少许盐、鸡粉、水淀粉、食用油，拌匀，腌渍至其入味。

3 沸水锅中放入黄花菜，焯片刻，捞出黄花菜，沥干水分。

4 用油起锅，爆香蒜末，倒入肉丝，放入西芹、黄花菜、彩椒，翻炒均匀。

烹饪小提示

肉丝宜用大火快炒，这样炒出的肉丝口感更佳。

5 加入盐、鸡粉、生抽、葱段，炒匀，关火后盛出炒好的菜肴，装盘即可。

尖椒肉丝葫芦瓜

⏱ 13分钟　　🍚 瘦身祛毒

原料： 朝天椒15克，猪瘦肉180克，葫芦瓜400克

调料： 盐2克，鸡粉1克，料酒、水淀粉各5毫升，食用油适量

做法

1 洗净的葫芦瓜去籽，切片；洗好的猪肉切丝，装碗；洗净的朝天椒去蒂，切开。

2 肉丝中加入少许盐、料酒、水淀粉、食用油，拌匀，腌渍至其入味。

3 用油起锅，倒入肉丝，炒至转色，倒入朝天椒、料酒、葫芦瓜，炒匀至熟透。

4 加入盐、鸡粉、水淀粉，拌炒均匀，关火后盛出菜肴即可。

扫一扫看视频

7分钟

降低血糖

山楂炒肉丁

原料： 猪瘦肉150克，山楂30克，茯苓15克，彩椒40克，姜片、葱段各少许

调料： 盐4克，鸡粉4克，料酒4毫升，水淀粉8毫升，食用油适量

烹饪小提示

可加入少许白糖，使此菜酸甜爽口，色泽也更鲜艳；山楂应去核后再使用，以免影响口感。

做法

1 洗净的彩椒切成小块；洗好的山楂去核，切成小块；洗净的猪瘦肉切丝。

2 将瘦肉丝装入碗中，放入少许盐、鸡粉、水淀粉、食用油，拌匀，腌渍片刻。

3 沸水锅中加入鸡粉、茯苓、彩椒、山楂，煮至断生，捞出食材，装入盘中。

4 热锅注油，倒入姜片、葱段，爆香，放入肉丝，淋入料酒，炒匀。

5 倒入山楂、茯苓、彩椒，加入鸡粉、盐，炒匀调味。

6 淋入水淀粉勾芡，关火后盛出炒好的菜肴，装入盘中即可。

核桃枸杞肉丁

⏱ 12分钟 🍚 补铁

扫一扫看视频

原料： 核桃仁40克，瘦肉120克，枸杞5克，姜片、蒜末、葱段各少许
调料： 盐、鸡粉各2克，食粉2克，料酒4毫升、水淀粉、食用油各适量

做法

1 洗净的瘦肉切成丁，装入碗中，放入少许盐、鸡粉、水淀粉、食用油，腌渍至入味。

2 沸水锅中加入食粉、核桃仁，焯片刻后捞出，放入凉水中，去除外衣，装盘。

3 热油锅中倒入核桃仁，炸香后捞出。锅留底油，放入姜片、蒜末、葱段，爆香。

4 倒入瘦肉丁、料酒、枸杞，加入盐、鸡粉、核桃仁，炒匀，盛出装盘即可。

酱爆双丁

⏱ 6分钟　🖐 增强免疫力

原料： 瘦肉250克，黄瓜60克，姜片、蒜末、葱段各少许，黄豆酱20克
调料： 盐2克，白糖3克，料酒5毫升，胡椒粉、水淀粉、食用油各适量

扫一扫看视频

做法

1 洗净的黄瓜去除瓜瓤，切成丁。洗好的瘦肉切成丁，装碗。

2 肉碗中加入料酒、胡椒粉，加入少许盐、水淀粉、食用油，拌匀，腌渍片刻。

3 热油锅中倒入瘦肉，炒至转色，盛入盘中。用油起锅，爆香姜片、葱段、蒜末。

4 倒入黄瓜、瘦肉、黄豆酱，注入清水，加入盐、白糖、水淀粉，炒匀盛出即可。

扫一扫看视频

扫一扫看视频

蚂蚁上树

🕐 4分钟　🍲 益气补血

原料： 肉末200克，水发粉丝300克，朝天椒末、蒜末、葱花各少许

调料： 料酒10毫升，豆瓣酱15克，生抽8毫升，陈醋8毫升，盐2克，鸡粉2克，食用油适量

做法

1 洗好的粉丝切段，备用。

2 用油起锅，倒入肉末，翻炒松散，至其变色，淋入料酒，炒匀提味。

3 放入蒜末、葱花，炒香，加入豆瓣酱，倒入生抽，略炒片刻，放入粉丝段，翻炒均匀。

4 加入陈醋、盐、鸡粉，炒匀调味，放入朝天椒末、葱花，炒匀，关火后盛出炒好的菜肴，装入盘中即可。

肉末干煸四季豆

🕐 3分钟　🍲 益气补血

原料： 四季豆170克，肉末80克

调料： 盐2克，鸡粉2克，料酒5毫升，生抽、食用油各适量

做法

1 将洗净的四季豆切成长段。

2 热锅注油，烧至六成热，放入四季豆，拌匀，用小火炸2分钟，捞出四季豆，沥干油，备用。

3 锅底留油烧热，倒入肉末，炒匀，加入料酒，炒香，倒入生抽，炒匀。

4 放入炸好的四季豆，炒匀，加入盐、鸡粉，炒匀调味，关火后盛出炒好的菜肴，装入盘中即可。

扫一扫看视频

清炒肉片

🕐 7分钟　　🍖 增强免疫力

原料： 猪里脊肉200克，青椒35克，红椒40克，姜片、蒜末各少许

调料： 盐、鸡粉、白糖各2克，料酒5毫升，胡椒粉少许，水淀粉7毫升，大豆油适量

做法

1 洗净的青椒、红椒均去籽，切小块；猪里脊肉去筋膜，切片，装入碗中。

2 肉碗中放入胡椒粉，加入少许水淀粉、盐、料酒、大豆油腌渍片刻，放入油锅中滑油后捞出。

3 将青椒、红椒倒入油锅中，滑油后捞出；锅中注油烧热，加入姜片、蒜末。

4 放入肉片、青椒、红椒、料酒、水、盐、鸡粉、白糖、水淀粉，炒匀即可。

扫一扫看视频

椒香肉片

🕐 12分钟　　🍲 美容养颜

原料： 猪瘦肉200克，白菜150克，红椒15克，桂皮、花椒、八角、干辣椒、姜片、葱段、蒜末各少许

调料： 生抽4毫升，豆瓣酱10克，鸡粉4克，盐3克，陈醋7毫升，水淀粉8毫升，食用油适量

做法

1 洗好的红椒切成段；洗净的白菜切去根部，再切成段；洗好的猪瘦肉切成薄片。

2 将猪肉片用少许盐、鸡粉、水淀粉、食用油腌渍至食材入味，入油锅滑油后捞出。

3 锅底留油，放入葱段、蒜末、姜片、红椒、桂皮、花椒、八角、干辣椒。

4 放入白菜、清水、肉片、生抽、豆瓣酱、鸡粉、盐、陈醋、水淀粉炒匀，盛入即可。

扫一扫看视频

茶树菇炒五花肉

🕐 12分钟　　🍲 清热解毒

原料： 茶树菇90克，五花肉200克，红椒40克，姜片、蒜末、葱段各少许

调料： 盐2克，生抽5毫升，鸡粉2克，料酒10毫升，水淀粉5毫升，豆瓣酱15克，食用油适量

做法

1 洗净的红椒去籽，切成小块；洗好的茶树菇切去根部，再切成段；洗净的五花肉切成片。

2 沸水锅中放入少许盐、鸡粉、食用油，倒入茶树菇，拌匀，焯片刻，捞出茶树菇，沥干水分。

3 用油起锅，放入五花肉，加入生抽、豆瓣酱，炒匀，放入姜片、蒜末、葱段，炒香。

4 淋入料酒，放入茶树菇、红椒，炒匀，加入盐、鸡粉、水淀粉，炒匀，关火后盛出炒好的菜肴即可。

扫一扫看视频

⏱ 3分钟

益气补血

豆豉刀豆肉片

原料: 刀豆100克,甜椒15克,干辣椒5克,五花肉300克,豆豉10克,蒜末少许

调料: 料酒8毫升,盐2克,鸡粉2克,老抽5毫升,食用油适量

烹饪小提示

五花肉含较多油脂,翻炒的时间长点会更好;但刀豆口感清甜,不宜炒太久,以免炒老。

做法

1 洗净的五花肉切成片;洗净的甜椒去籽,切成块;摘洗好刀豆切成块。

2 热锅注油,倒入猪肉,翻炒转色,淋入少许料酒,炒匀。

3 倒入干辣椒、蒜末、豆豉,翻炒均匀。

4 加入老抽,倒入红椒、刀豆,快速翻炒片刻。

5 倒入少许清水,加入盐、鸡粉、料酒,翻炒片刻,使食材入味至熟。

6 关火,将炒好的菜盛出,装入盘中即可。

尖椒回锅肉

⏱ 6分钟 😋 开胃消食

原料： 熟五花肉250克，尖椒30克，红彩椒40克，豆瓣酱20克，蒜苗20克，姜片少许

调料： 盐、鸡粉、白糖各1克，生抽、料酒各5毫升，食用油适量

做法

1 洗好的红彩椒、尖椒均切滚刀块；洗好的蒜苗切段；熟五花肉切片。

2 热锅注油，倒入五花肉，炒至微微转色，倒入姜片，炒至五花肉微焦。

3 放入豆瓣酱，炒香，淋入料酒、生抽，放入尖椒、红彩椒，炒至断生。

4 加入盐、鸡粉、白糖，倒入蒜苗，炒至食材熟透入味，关火后盛出菜肴即可。

酱香回锅肉

🕐 35分钟　🍖 增强免疫力

原料： 五花肉350克，青椒片、红椒片各20克，洋葱片35克，蒜片、姜片各少许，甜面酱25克

调料： 盐3克，鸡粉、白糖各2克，料酒、食用油各适量

做法

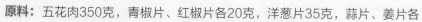

1 沸水锅中放入五花肉、姜片，加入盐、料酒，拌匀，大火烧开转小火煮至熟。

2 关火后捞出煮好的五花肉，装入盘中，放凉后切成片。

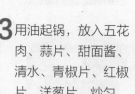

3 用油起锅，放入五花肉、蒜片、甜面酱、清水、青椒片、红椒片、洋葱片，炒匀。

4 加入白糖、鸡粉，翻炒至入味，关火后盛出炒好的菜肴，装入盘中即可。

扫一扫看视频

香干回锅肉

🕐 8分钟　🍲 增强免疫力

原料： 五花肉300克，香干120克，青椒、红椒各20克，干辣椒、蒜末、葱段、姜片各少许

调料： 盐2克，鸡粉2克，料酒4毫升，生抽5毫升，花椒油、辣椒油、豆瓣酱、食用油各适量

做法

1 沸水锅中倒入洗净的五花肉，煮至其熟软，捞出五花肉，放凉待用。

2 将香干切片；洗净的青椒、红椒均去籽，切成小块；放凉的五花肉切成薄片。

3 用油起锅，倒入香干，炸香后捞出，沥干水分。

4 锅底留油，放入肉片，炒至出油，加入生抽、姜片、蒜末、葱段、干辣椒、豆瓣酱。

5 倒入香干，加入盐、鸡粉、料酒、青椒、红椒、花椒油、辣椒油，炒匀，盛出即可。

扫一扫看视频

西芹炒油渣

🕐 5分钟　🍲 开胃消食

原料： 猪肥肉200克，西芹120克，腰果35克，红椒10克

调料： 盐、鸡粉各2克，水淀粉、食用油各适量

做法

1 洗好的西芹切段；洗净的红椒去籽，切块；洗好的猪肥肉切薄片。

2 沸水锅中倒入少许食用油，加入西芹、红椒，焯片刻，捞出食材，沥干水分。

3 热锅注油烧热，倒入腰果，炸至其呈金黄色，捞出，沥干油，装入盘中。

4 锅底留油烧热，倒入肥肉，炒至出油，盛出多余的油分，倒入焯过水的食材，炒匀。

5 加入盐、鸡粉、水淀粉、腰果，快速翻炒均匀，关火后盛出炒好的菜肴即可。

扫一扫看视频

🕐 15分钟

😋 增强免疫力

南瓜炒卤肉

原料： 去皮南瓜200克，卤猪肉300克，白酒15毫升，腐乳汁15毫升，姜片、蒜片各少许

调料： 盐2克，鸡粉3克，老抽5毫升，食用油适量

烹饪小提示

南瓜尽量切薄点儿，这样更容易蒸熟；卤五花肉本身有较多盐分，所以炒制时要少放盐。

做法

1 洗净的南瓜切块；洗好的卤猪肉切片。

2 蒸锅中注入清水并烧开，放入南瓜，大火蒸至熟软，取出待用。

3 用油起锅，倒入姜片、蒜片，爆香，放入卤猪肉，炒匀。

4 倒入白酒、腐乳汁，炒匀。

5 加入盐、鸡粉、老抽，炒匀。

6 放入南瓜，翻炒至食材熟透，关火，盛出炒好的菜肴，装入盘中即可。

竹笋炒腊肉

⏱ 5分钟　🍲 开胃消食

原料： 腊肉140克，竹笋120克，芹菜45克，红小米椒30克，葱段、姜片各少许

调料： 鸡粉2克，生抽3毫升，料酒10毫升，食用油适量

做法

1 去皮竹笋切薄片；洗好的芹菜切长段；洗净的红小米椒切段；洗好的腊肉切片。

2 沸水锅中倒入笋片，加入适量料酒，煮熟后捞出；再倒入腊肉片，去除盐后捞出。

3 用油起锅，爆香姜片、葱段，倒入腊肉、料酒、红小米椒、芹菜段，炒至变软。

4 再放入笋片，加入鸡粉、生抽，炒匀，关火后盛出炒好的菜肴即可。

芦笋炒腊肉

⏱ 5分钟　🍲 增强免疫力

原料： 芦笋80克，腊肉100克，姜丝少许

调料： 盐、鸡粉各1克，料酒、水淀粉各5毫升，食用油适量

做法

1 洗净的芦笋对半切开，切小段；腊肉切成片。

2 沸水锅中倒入腊肉，焯去多余的盐和油脂，捞出，沥干水分，装盘。

3 锅中再倒入芦笋，焯煮至断生，捞出，沥干水分，装盘待用。

4 热锅注油，倒入姜丝，爆香，放入腊肉，加入料酒，倒入芦笋，炒香。

烹饪小提示

如果芦笋外皮较厚，应将其去掉，以免影响口感。

5 加入盐、鸡粉、水淀粉，翻炒至收汁，关火后盛出菜肴，装盘即可。

扫一扫看视频

手撕包菜腊肉

⏱ 3分钟　☁ 增强免疫力

扫一扫看视频

原料： 包菜400克，腊肉200克，干辣椒、花椒、蒜末各少许
调料： 盐2克、鸡粉2克、生抽4毫升、食用油适量

做法

1 将腊肉切块，改切片；洗净的包菜切开，手撕成小块。

2 锅中注适量清水烧开，放入腊肉，汆去多余盐，把腊肉捞出，沥干水分。

3 用油起锅，放入花椒、干辣椒、蒜末，爆香，倒入腊肉，翻炒均匀。

4 加入包菜，放盐、鸡粉，加生抽，炒匀，将菜肴盛出即可。

扫一扫看视频

杏鲍菇炒腊肉

⏰ 2分钟　　🥩 增强免疫力

原料： 腊肉150克，杏鲍菇120克，红椒35克，蒜苗段40克，姜片、蒜片各少许

调料： 盐、鸡粉各1克，生抽3毫升，水淀粉、食用油各适量

做法

1 将洗净的杏鲍菇切菱形片；洗好的红椒去籽，切菱形片；洗净的腊肉切片。

2 沸水锅中倒入杏鲍菇，焯片刻后捞出；沸水锅中再倒入腊肉片，焯水后捞出。

3 用油起锅，爆香姜片、蒜片，倒入腊肉片、生抽、红椒片、杏鲍菇、盐、鸡粉。

4 注入清水，炒匀，再用水淀粉勾芡，倒入蒜苗段，炒匀，关火后盛出菜肴即可。

口蘑炒火腿

🕐 3分钟　🥘 增强免疫力

原料： 口蘑100克，火腿肠180克，青椒25克，姜片、蒜末、葱段各少许

调料： 盐2克，鸡粉2克，生抽、料酒、水淀粉、食用油各适量

做法

1 将洗净的口蘑切成片；洗好的青椒去籽，切成小块；火腿肠切成片。

2 沸水锅中加入少许盐、食用油，加入口蘑、青椒，煮至断生，捞出，沥干水分，装入盘中。

3 热锅注油烧热，倒入火腿肠，炸约半分钟，捞出，装盘备用。

4 锅底留油，爆香姜片、蒜末、葱段，倒入口蘑、青椒、火腿肠，加入料酒、生抽、盐、鸡粉、水淀粉，炒匀，盛出菜肴即可。

怪味排骨

🕐 7分钟　🥘 增强免疫力

原料： 排骨段300克，鸡蛋1个，红椒20克，姜片、蒜末、葱段各少许

调料： 盐4克，鸡粉4克，陈醋15毫升，白糖6克，生抽5毫升，生粉20克，食用油适量

做法

1 洗净的红椒切开，去籽，再切小块。

2 将排骨段装入碗中，加入鸡蛋黄、2克盐、2克鸡粉、生粉，裹匀后装入盘中，腌渍至其入味。

3 热油锅中倒入排骨段，炸至其呈金黄色，捞出，沥干油。

4 锅底留油烧热，倒入姜片、蒜末、红椒块，加入陈醋、白糖、生抽，翻炒调味。

5 倒入排骨块，撒上葱段，快速翻炒出香味，关火后盛出炒好的菜肴，装入盘中即可。

扫一扫看视频

芝麻辣味炒排骨

⏱ 7分钟　🫘 益气补血

原料： 白芝麻8克，猪排骨500克，干辣椒、葱花、蒜末各少许
调料： 生粉20克，豆瓣酱15克，盐3克，鸡粉3克，料酒15毫升，辣椒油4毫升，食用油适量

做法

1 将洗净的猪排骨装入碗中，放入盐、鸡粉、料酒、豆瓣酱、生粉，抓匀。

2 热锅注油烧热，倒入排骨，炸至金黄色，捞出，沥干油。

3 锅底留油，倒入蒜末、干辣椒、排骨、辣椒油、葱花、白芝麻，炒匀。

4 关火后盛出炒好的菜肴，装入盘中即可。

扫一扫看视频

豆瓣排骨

🕐 12分钟　😊 益气补血

原料： 排骨段300克，芽菜100克，红椒20克，姜片、葱段、蒜末各少许

调料： 豆瓣酱20克，料酒3毫升，生抽3毫升，鸡粉2克，盐2克，老抽2毫升，水淀粉、食用油各适量

做法

1. 洗净的红椒切圈，备用。
2. 沸水锅中倒入洗净的排骨，煮至沸，氽去血水，捞出，沥干水分。
3. 用油起锅，放入姜片、蒜末，爆香，加入豆瓣酱、排骨，翻炒均匀。
4. 加入芽菜、料酒，注入水，放入生抽、鸡粉、盐、老抽，炒匀，烧开后用小火焖至食材熟透，放入红椒圈、葱段、水淀粉，炒匀，盛出即可。

扫一扫看视频

双椒排骨

🕐 12分钟　😊 保肝护肾

原料： 排骨段300克，红椒40克，青椒30克，花椒、姜片、蒜末、葱段各少许

调料： 豆瓣酱7克，生抽5毫升，料酒10毫升，盐2克，鸡粉2克，白糖3克，水淀粉、辣椒酱、食用油各适量

做法

1. 洗净的青椒、红椒均去籽，切成小块。
2. 沸水锅中倒入排骨段，煮半分钟，氽去血水，捞出，沥干水分。
3. 用油起锅，爆香姜片、蒜末、花椒、葱段，倒入排骨、料酒，炒匀。
4. 加入豆瓣酱、生抽、清水、盐、鸡粉、白糖、辣椒酱，炒匀，烧开后用小火焖至食材熟透，倒入青椒、红椒、水淀粉，炒匀，盛入盘中即可。

扫一扫看视频

干煸麻辣排骨

⏱ 5分钟　🥘 补钙

原料： 排骨500克，黄瓜200克，朝天椒30克，辣椒粉、花椒粉、蒜末、葱花各少许

调料： 盐2克，鸡粉2克，生抽5毫升，生粉15克，料酒15毫升，辣椒油4毫升，花椒油2毫升，食用油适量

做法

1 洗净的黄瓜切成丁；洗好的朝天椒切碎；将洗净的排骨装入碗中，淋入生抽。

2 排骨中加入少许盐、鸡粉、料酒，加入生粉，抓匀，放入油锅中，炸至金黄色，捞出。

3 锅底留油，爆香蒜末、花椒粉、辣椒粉，放入朝天椒、黄瓜，快速翻炒均匀。

4 倒入排骨，加入盐、鸡粉，淋入料酒，倒入辣椒油、花椒油，翻炒均匀。

烹饪小提示

排骨不要一次性放入油锅中，以免炸完后粘连在一起。

5 撒入备好的葱花，快速翻炒均匀，关火后盛出炒好的菜肴，装入盘中即可。

小炒猪皮

⏱ 5分钟　🍲 美容养颜

原料： 熟猪皮200克，尖椒、红椒各30克，小米泡椒50克，葱段、姜丝各少许

调料： 盐、鸡粉各1克，白糖3克，老抽2毫升，生抽、料酒各5毫升，食用油适量

做法

1 猪皮切粗丝；洗净的尖椒、红椒均去籽，切小段；泡椒对半切开。

2 热锅注油，倒入姜丝，放入泡小米椒，爆香，倒入猪皮、白糖，翻炒至猪皮微黄。

3 加入生抽、料酒，放入尖椒、红椒，注入清水，加入盐、鸡粉、老抽。

4 倒入葱段，翻炒均匀至入味，关火后盛出菜肴，装盘即可。

扫一扫看视频

黄豆芽炒猪皮

⏱ 5分钟　　🫘 降低血压

原料： 猪皮200克，红椒30克，黄豆芽90克，姜片、蒜末、葱段各少许

调料： 盐2克，鸡粉2克，料酒5毫升，老抽3毫升，水淀粉4毫升，食用油适量

做法

1 沸水锅中放入猪皮，煮熟后捞出，晾凉后切去多余的肥肉，切成条。

2 洗净的红椒去籽，切成条。猪皮装入盘中，淋入老抽拌匀，放入热油锅中炸香后捞出。

3 锅底留油，爆香姜片、蒜末、葱段，放入红椒、黄豆芽，淋入料酒，炒匀。

4 倒入猪皮，加入盐、鸡粉、水淀粉，快速翻炒均匀，关火后盛出炒好的菜肴即可。

芹菜炒猪皮

🕐 5分钟　🍽 美容养颜

原料： 芹菜70克，红椒30克，猪皮110克，姜片、蒜末、葱段各少许

调料： 豆瓣酱6克，盐4克，鸡粉2克，白糖3克，老抽2毫升，生抽3毫升，料酒4毫升，水淀粉、食用油各适量

做法

1. 将洗净的猪皮切成粗丝；洗好的芹菜切成小段；洗净的红椒去籽，切成粗丝。

2. 沸水锅中倒入猪皮，放入2克盐，煮至熟透，捞出煮好的猪皮，沥干水分。

3. 用油起锅，爆香姜片、蒜末、葱段，倒入猪皮、料酒、老抽、白糖、生抽，炒匀。

4. 倒入红椒、芹菜，注入清水，加入豆瓣酱、盐、鸡粉、水淀粉，炒匀，盛出即成。

酸豆角炒猪耳

🕐 2分钟　🍽 开胃消食

原料： 卤猪耳200克，酸豆角150克，朝天椒10克，蒜末、葱段各少许

调料： 盐2克，鸡粉2克，生抽3毫升，老抽2毫升，水淀粉10毫升，食用油适量

做法

1. 将酸豆角的两头切掉，再切长段；洗净的朝天椒切圈；卤猪耳切片。

2. 沸水锅中倒入酸豆角，拌匀，煮1分钟，减轻其酸味，捞出酸豆角，沥干水分，待用。

3. 用油起锅，倒入猪耳炒匀，淋入生抽、老抽，炒香炒透，撒上蒜末、葱段、朝天椒，炒出香辣味，放入酸豆角，炒匀。

4. 加入盐、鸡粉，倒入水淀粉炒匀，关火后盛出炒好的菜肴即可。

扫一扫看视频

⏱ 3分钟

💪 益气补血

葱香猪耳朵

原料： 卤猪耳丝150克，葱段25克，红椒片、姜片、蒜末各少许

调料： 盐2克，鸡粉2克，料酒3毫升，生抽4毫升，老抽3毫升，食用油适量

烹饪小提示

切猪耳时最好切得厚薄一致，这样更易入味；若是喜欢口味辣一些，可以增加红椒的用量。

做法

1 用油起锅，倒入猪耳丝，炒松散。

2 淋入料酒，炒香，放入生抽，炒匀。

3 放入老抽，炒匀上色。

4 倒入红椒片、姜片、蒜末，炒匀。

5 注入少许清水，炒至变软，撒上葱段，炒出香味。

6 加入盐、鸡粉，炒匀调味，关火后盛出炒好的菜肴即可。

腰果炒猪肚

⏱ 4分钟　　🍖 益气补血

原料： 熟猪肚丝200克，熟腰果150克，芹菜70克，红椒60克，蒜片、葱段各少许

调料： 盐2克，鸡粉3克，芝麻油、料酒各5毫升，水淀粉、食用油各适量

扫一扫看视频

做法

1 洗净的芹菜切成小段；洗好的红椒切开，去籽，切成条。

2 用油起锅，倒入蒜片、葱段，爆香，放入猪肚丝，淋入料酒，炒匀。

3 注入清水，加入红椒丝、芹菜段、盐、鸡粉，倒入水淀粉、芝麻油，炒匀。

4 关火后盛出炒好的菜肴，装入盘中，加入熟腰果即可。

扫一扫看视频

荷兰豆炒猪肚

⏱ *4分钟* 🥟 *美容养颜*

原料： 熟猪肚150克，荷兰豆100克，洋葱40克，彩椒35克，姜片、蒜末、葱段各少许

调料： 盐3克，鸡粉2克，料酒10毫升，生抽5毫升，水淀粉5毫升，食用油适量

做法

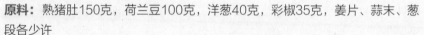

1 去皮洗净的洋葱切成条；洗净的彩椒去籽，切成块；熟猪肚切成片。

2 沸水锅中加入少许食用油、盐，加入荷兰豆、洋葱、彩椒，焯熟后捞出，沥干水分。

3 用油起锅，放入姜片、蒜末、葱段，爆香，倒入猪肚，淋入料酒、生抽，炒匀。

4 放入荷兰豆、洋葱、彩椒，加入鸡粉、盐、水淀粉，炒匀，盛出菜肴即可。

扫一扫看视频

西葫芦炒肚片

🕐 3分钟　😋 健脾止泻

原料： 熟猪肚170克，西葫芦260克，彩椒30克，姜片、蒜末、葱段各少许

调料： 盐2克，白糖2克，鸡粉2克，水淀粉5毫升，料酒3毫升，食用油适量

做法

1 将洗净的西葫芦切成片；洗好的彩椒切成块；熟猪肚用斜刀切片。

2 用油起锅，倒入姜片、蒜末、葱段，爆香，倒入猪肚，炒匀。

3 淋入料酒，炒匀，倒入彩椒，炒香，放入西葫芦，炒至变软。

4 加入盐、白糖、鸡粉、水淀粉，炒匀入味，关火后盛出炒好的菜肴即可。

扫一扫看视频

肚条烧韭菜花

🕐 3分钟　😋 开胃消食

原料： 熟猪肚300克，韭菜花200克，红椒10克，青椒15克

调料： 盐、鸡粉、胡椒粉各2克，料酒5毫升，水淀粉少许，食用油适量

做法

1 洗好的韭菜花切成段；洗净去籽的红椒切成条；洗好去籽的青椒切成条；熟猪肚切成条。

2 用油起锅，倒入切好的猪肚，淋入料酒，炒匀，放入切好的青椒、红椒，炒匀。

3 倒入韭菜花，加入盐、鸡粉、胡椒粉，炒匀，倒入水淀粉，翻炒均匀至食材入味。

4 关火后盛出炒好的菜肴，装入盘中即可。

扫一扫看视频

彩椒炒猪腰

⏱ 13分钟　🐷 保肝护肾

原料： 猪腰150克，彩椒110克，姜末、蒜末、葱段各少许

调料： 盐5克，鸡粉3克，料酒15毫升，生粉10克，水淀粉5毫升，蚝油8毫升，食用油适量

做法

1 洗净的彩椒去籽，切成小块；洗好的猪腰切除筋膜，切上麦穗花刀，再切成片。

2 将猪腰装入碗中，放入少许盐、鸡粉、料酒，加入生粉，搅拌匀，腌渍10分钟。

3 沸水锅中放入少许盐，加入食用油、彩椒，煮熟后捞出；再放入猪腰，汆熟后捞出。

4 用油起锅，爆香姜末、蒜末、葱段，倒入猪腰、料酒、彩椒，翻炒片刻。

烹饪小提示

汆好的猪腰可以再用清水清洗一下，这样能更好地去除猪腰的异味。

5 加入盐、鸡粉、蚝油、水淀粉，炒匀，关火后盛出炒好的菜肴，装盘即可。

香菜炒猪腰

⏱ 8分钟　　🍲 开胃消食

扫一扫看视频

原料： 猪腰270克，彩椒25克，香菜120克，姜片、蒜末各少许

调料： 盐3克，生抽5毫升，白糖3克，鸡粉2克，料酒、水淀粉、食用油各适量

做法

1 洗净的香菜切成长段；洗好的彩椒切成粗丝；洗净的猪腰去除筋膜，切成条形。

2 将猪腰放入碗中，加入少许盐、料酒、水淀粉、食用油，拌匀，腌渍片刻。

3 用油起锅，放入姜片、蒜末，爆香，倒入猪腰、料酒、彩椒，炒匀。

4 加入盐、生抽、白糖、鸡粉、水淀粉、香菜梗、香菜叶，炒匀后盛出即可。

扫一扫看视频

酱爆腰花

⏱ 4分钟　☁ 保肝护肾

原料： 猪腰350克，黄瓜150克，水发木耳80克，豆瓣酱适量，姜片、葱段各少许

调料： 盐2克，鸡粉1克，生抽5毫升，料酒10毫升，水淀粉10毫升，食用油适量

做法

1 洗净的黄瓜切菱形片；洗好的猪腰对半切开，去掉筋膜，切成腰花。

2 将腰花装碗，注入清水，加入适量料酒、盐，拌匀，浸泡片刻，入沸水锅汆熟后捞出。

3 热锅注油，倒入姜片、葱段，放入豆瓣酱、木耳、腰花、黄瓜，翻炒至断生。

4 加入料酒、生抽、鸡粉、盐、水淀粉，炒匀至收汁，关火后盛出菜肴，装盘即可。

扫一扫看视频

木耳炒腰花

🕐 10分钟　🍲 保肝护肾

原料： 猪腰200克，木耳100克，红椒20克，姜片、蒜末、葱段各少许

调料： 盐3克，鸡粉2克，料酒5毫升，生抽、蚝油、水淀粉、食用油各适量

做法

1 将洗净的红椒去籽，切成块；洗好的木耳切成小块。

2 处理干净的猪腰切去筋膜，在内侧切上麦穗花刀，改切成片，装入碗中，放入少许盐、鸡粉、料酒、水淀粉腌渍。

3 沸水锅中放入食用油、木耳，煮熟后捞出；沸水锅中放入猪腰，汆熟后捞出。

4 用油起锅，放入姜片、蒜末、葱段、红椒、猪腰、料酒、木耳、生抽、蚝油、盐、鸡粉、水淀粉，炒匀即可。

扫一扫看视频

猪肝炒花菜

🕐 10分钟　🍲 补铁

原料： 猪肝160克，花菜200克，胡萝卜片、姜片、蒜末、葱段各少许

调料： 盐3克，鸡粉2克，生抽3毫升，料酒6毫升，水淀粉、食用油各适量

做法

1 将洗净的花菜切成小朵；洗好的猪肝切成片，放入碗中。

2 加入少许盐、鸡粉、料酒、食用油，拌匀，腌渍至入味；沸水锅中放入盐、食用油、花菜，拌匀，煮熟后捞出。

3 用油起锅，爆香胡萝卜片、姜片、蒜末、葱段，再倒入猪肝、花菜、料酒，炒匀。

4 加入盐、鸡粉，淋入生抽、水淀粉，炒匀，关火后盛出炒好的菜肴即可。

扫一扫看视频

酱爆猪肝

12分钟　保肝护肾

原料： 猪肝500克，茭白250克，青椒、红椒、甜面酱各20克，蒜末、葱白、姜末各少许

调料： 盐2克，鸡粉1克，生抽3毫升，料酒、水淀粉各5毫升，老抽1毫升，芝麻油、食用油各适量

做法

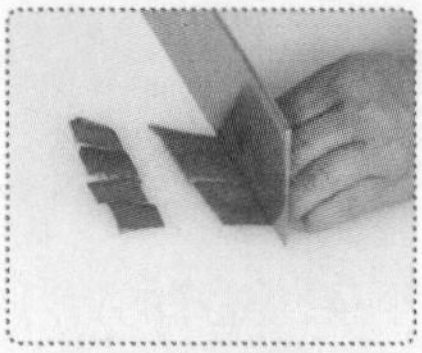

1 猪肝浸泡在清水中至去除血水；洗净的青椒、红椒均切块；茭白去皮，切成菱形片。

2 取出泡好的猪肝，切薄片，用生抽、料酒、少许盐和水淀粉腌渍至入味。

3 将猪肝放入油锅中，炒熟后盛出；将茭白放入油锅中，炒熟后盛出。

4 用油起锅，倒入蒜末、姜末、甜面酱、猪肝、茭白，炒匀。

5 放入红椒、青椒、盐、鸡粉、老抽、水淀粉、芝麻油、葱白，炒匀即可。

烹饪小提示

炒猪肝的时间要把握好，以免炒制过久使猪肝变老，从而影响口感。

青椒炒肝丝

 12分钟　 益智健脑

扫一扫看视频

原料： 青椒80克，胡萝卜40克，猪肝100克，姜片、蒜末、葱段各少许
调料： 盐3克，鸡粉3克，料酒5毫升，生抽2毫升，水淀粉、食用油各适量

做法

1 将胡萝卜、青椒、猪肝均切丝；猪肝用少许盐、鸡粉、料酒、水淀粉、食用油腌渍。

2 沸水锅中放入少许食用油、盐，加入胡萝卜丝、青椒，焯熟后捞出。

3 用油起锅，爆香姜片、蒜末、葱段，放入猪肝、料酒、胡萝卜、青椒、盐、鸡粉。

4 淋入生抽，炒匀，倒入水淀粉，炒匀，把炒好的菜肴盛出，装盘即可。

扫一扫看视频

爆炒卤肥肠

⏱ 3分钟　🫃 开胃消食

原料： 卤肥肠270克，红椒35克，青椒20克，蒜苗段45克，葱段、蒜片、姜片各少许

调料： 料酒3毫升，生抽4毫升，盐、鸡粉、水淀粉、芝麻油、食用油各适量

做法

1 将洗净的红椒去籽，切菱形片；洗好的青椒去籽，切菱形片；卤肥肠切小段。

2 沸水锅中倒入卤肥肠，拌匀，汆去杂质后捞出，沥干多余的水分。

3 用油起锅，爆香蒜片、姜片，倒入卤肥肠、料酒、生抽、青椒片、红椒片，炒匀。

4 加入水、盐、鸡粉、水淀粉、蒜苗段、葱段、芝麻油，炒匀，关火后盛出菜肴即可。

扫一扫看视频

干煸肥肠

🕐 3分钟　🍲 养心润肺

原料： 熟肥肠200克，洋葱70克，干辣椒7克，花椒6克，蒜末、葱花各少许

调料： 鸡粉2克，盐2克，辣椒油适量，生抽4毫升，食用油适量

做法

1 将洗净的洋葱切成小块；把肥肠切成段。

2 锅中注入适量食用油，烧至五成热，倒入洋葱块，拌匀，捞出洋葱，沥干油，待用。

3 锅底留油烧热，放入蒜末、干辣椒、花椒，爆香，倒入切好的肥肠，炒匀，淋入生抽，炒匀。

4 放入炸好的洋葱块，加入鸡粉、盐、辣椒油，拌匀，撒上葱花，炒出香味，关火后盛出炒好的菜肴即可。

扫一扫看视频

菠萝蜜炒牛肉

🕐 10分钟　🍲 降低血压

原料： 菠萝蜜200克，牛肉150克，彩椒45克，蒜片、姜片、葱段各少许

调料： 盐3克，鸡粉2克，白糖、食粉各少许，料酒5毫升，生抽12毫升，水淀粉、食用油各适量

做法

1 将洗净的菠萝蜜去核，再把果肉切小块；洗好的彩椒切成小块；洗净的牛肉切成片。

2 把牛肉片装入碗中，放入食粉，加入少许生抽、盐、鸡粉、水淀粉、食用油，拌匀，腌渍片刻。

3 热锅注油烧热，倒入牛肉片，滑油至牛肉变色后捞出，沥干油。

4 用油起锅，爆香姜片、蒜片、葱段，倒入彩椒、菠萝蜜、牛肉片、料酒，放入生抽、盐、鸡粉、白糖、水淀粉，炒匀，盛出即可。

扫一扫看视频

山楂菠萝炒牛肉

⏱ 22分钟　🫘 益气补血

原料： 牛肉片200克，水发山楂片25克，菠萝600克，圆椒少许

调料： 番茄酱30克，盐3克，鸡粉2克，食粉少许，料酒6毫升，水淀粉、食用油各适量

做法

1 把牛肉片装入碗中，加入食粉，放入少许盐、料酒、水淀粉、食用油，腌渍约20分钟。

2 将洗净的圆椒切成小块；洗好的菠萝对半切开，取一半挖空果肉，制成菠萝盅。

3 再把菠萝肉切小块；热油锅中倒入牛肉、圆椒，拌匀，炸出香味，捞出。

4 锅底留油烧热，倒入山楂片、菠萝肉，挤入番茄酱，倒入牛肉、圆椒，炒匀。

烹饪小提示

山楂片泡软后可再清洗一遍，这样能有效去除杂质。

5 淋入料酒，加入盐、鸡粉，倒入水淀粉，炒匀，关火后盛出菜肴即可。

草菇炒牛肉

⏱ 12分钟　🍲 补缺

原料：草菇300克，牛肉200克，洋葱40克，红彩椒30克，姜片少许

调料：盐2克，鸡粉、胡椒粉各1克，蚝油、生抽、料酒、水淀粉各5毫升，食用油适量

扫一扫看视频

做法

1 洗净的洋葱、红彩椒均切块；洗净的草菇切十字花刀，第二刀切开；洗好的牛肉切片。

2 牛肉用料酒、胡椒粉和少许的盐、食用油、水淀粉腌渍；沸水锅中倒入草菇，汆熟后捞出。

3 再往沸水锅中倒入牛肉，汆熟后捞出；用油起锅，放入姜片、洋葱、红彩椒、牛肉。

4 加入草菇、生抽、蚝油，注入清水，加入盐、鸡粉、水淀粉，炒匀，盛出即可。

双椒孜然爆牛肉

🕐 10分钟   🫘 降低血压

原料： 牛肉250克，青椒60克，红椒45克，姜片、蒜末、葱段各少许

调料： 盐、鸡粉各3克，食粉、生抽、水淀粉、孜然粉、食用油各适量

扫一扫看视频

做法

1 将洗净的青椒、红椒均去籽，切小块；洗净的牛肉切成片。

2 把牛肉片装碗，加入食粉和少许的盐、鸡粉、生抽、水淀粉、食用油，腌渍片刻。

3 热油锅中倒入牛肉片，滑油至变色，捞出；锅底留油，爆香姜片、蒜末、葱段。

4 放入青椒、红椒、牛肉、孜然粉、盐、鸡粉、生抽、水淀粉，炒匀，关火后盛出即可。

扫一扫看视频

腊八豆炒牛肉

🕐 10分钟　🥘 增强免疫力

原料： 牛肉200克，腊八豆90克，青椒80克，红椒20克，姜片、葱段各少许

调料： 盐、白糖各2克，鸡粉3克，辣椒油、生抽各5毫升，料酒、水淀粉、胡椒粉、食用油各适量

做法

1 洗净的红椒切成片；洗好的青椒去籽，切成片；洗净的牛肉切成片。

2 将牛肉放入碗中，加入胡椒粉和少许的盐、料酒、水淀粉、食用油，拌匀，腌渍；沸水锅中倒入牛肉片，氽熟后捞出，沥干水分。

3 用油起锅，倒入姜片、葱段、腊八豆、牛肉片，加入料酒、生抽，注入清水，倒入青椒片、红椒片，加入盐、鸡粉、白糖，炒匀。

4 加入水淀粉、辣椒油，炒匀，盛出即可。

扫一扫看视频

阳桃炒牛肉

🕐 10分钟　🥘 降低血压

原料： 牛肉130克，阳桃120克，彩椒50克，姜片、蒜片、葱段各少许

调料： 盐3克，鸡粉2克，食粉、白糖各少许，蚝油6毫升，料酒4毫升，生抽10毫升，水淀粉、食用油各适量

做法

1 彩椒切成小块；洗好的牛肉、阳桃均切片。

2 把牛肉片装入碗中，放入食粉和少许的生抽、盐、鸡粉、水淀粉，拌匀，腌渍至其入味，放入沸水锅中，拌匀，氽至其变色后捞出。

3 用油起锅，倒入姜片、蒜片、葱段，爆香，倒入牛肉片、料酒、阳桃片、彩椒。

4 淋上生抽，放入蚝油、盐、鸡粉、白糖、水淀粉，炒匀，关火后盛出菜肴即可。

扫一扫看视频

10分钟

益气补血

白玉菇炒牛肉

原料： 白玉菇100克，牛肉150克，红椒15克，姜片、蒜末、葱花各少许

调料： 盐3克，嫩肉粉1克，鸡粉、生抽、料酒、水淀粉、食用油各适量

烹饪小提示

牛肉不宜炒得太久，以免肉质变老，既难嚼又不易消化。

做法

1 洗净的白玉菇切去根部，切成两段；洗净的红椒切丝；牛肉切成片。

2 牛肉片中加入嫩肉粉和少许的盐、生抽、鸡粉、水淀粉、食用油，腌渍片刻。

3 沸水锅中加入少许食用油、盐，放入白玉菇、红椒，焯片刻，捞出白玉菇、红椒。

4 用油起锅，倒入姜片、蒜末、葱花，爆香，倒入牛肉，翻炒至转色。

5 淋入料酒，炒匀，倒入白玉菇、红椒，翻炒匀，加盐、鸡粉，淋入生抽。

6 倒入水淀粉，将锅中食材炒至入味，盛出装盘即可。

红椒西蓝花炒牛肉

🕐 10分钟　🍴 增强免疫力

扫一扫看视频

原料： 西蓝花200克，红椒60克，洋葱80克，牛肉180克，姜片少许

调料： 盐2克，胡椒粉、鸡粉各3克，料酒10毫升，生抽5毫升，蚝油5毫升，水淀粉、食用油各适量

做法

1 洗净的西蓝花切小朵；洗好的红椒切块；洗净的洋葱切小块；洗好的牛肉切片。

2 牛肉片用胡椒粉和少许的盐、料酒腌渍；沸水锅中加入少许盐、食用油、西蓝花，焯熟后捞出。

3 沸水锅中倒入牛肉片，氽熟捞出；用油起锅，放入姜片、洋葱、红椒块、牛肉片。

4 加入料酒、蚝油、生抽、西蓝花、盐、鸡粉、水淀粉，炒匀即可。

111

扫一扫看视频

南瓜炒牛肉

🕐 *10分钟*　🍵 *增强免疫力*

原料： 牛肉175克，南瓜150克，青椒、红椒各少许
调料： 盐3克，鸡粉2克，料酒10毫升，生抽4毫升，水淀粉、食用油各适量

做法

1 洗好去皮的南瓜切片；洗净的青椒、红椒均切成条；洗净的牛肉切成片。

2 把牛肉片装入碗中，加入生抽和少许的盐、料酒、水淀粉、食用油，腌渍片刻。

3 沸水锅中倒入南瓜片、青椒、红椒、少许食用油，煮熟后捞出。

4 用油起锅，倒入牛肉、料酒、焯过水的材料，加入盐、鸡粉、水淀粉，炒匀后盛出即可。

扫一扫看视频

西红柿鸡蛋炒牛肉

🕐 10分钟　🍚 美容养颜

原料： 牛肉120克，西红柿70克，鸡蛋1个，葱花、姜末各少许

调料： 盐2克，鸡粉2克，生抽、料酒各5毫升，白糖、食粉、水淀粉、食用油各适量

做法

1 洗净的西红柿切成小瓣；洗好的牛肉切片；鸡蛋打入碗中，加入鸡粉和少许盐，打散调匀，制成蛋液。

2 牛肉片用生抽、食粉、水淀粉和少许的盐、料酒、食用油腌渍，入热油锅中，滑油后捞出；锅底留油烧热，倒入蛋液，炒成蛋花，盛出。

3 用油起锅，倒入姜末、西红柿、盐、白糖、牛肉、料酒、鸡蛋、葱花，炒匀即可。

扫一扫看视频

牛肉炒菠菜

🕐 10分钟　🍚 益气补血

原料： 牛肉150克，菠菜85克，葱段、蒜末各少许

调料： 盐3克，料酒4毫升，生抽5毫升，水淀粉、鸡粉、食用油各适量

做法

1 将洗净的菠菜切长段；洗好的牛肉切薄片。

2 把肉片装在碗中，加入少许盐、鸡粉，淋上料酒，放入生抽、水淀粉、少许食用油，拌匀，腌渍一会儿，待用。

3 用油起锅，放入腌渍好的牛肉，炒匀，撒上葱段、蒜末，炒出香味。

4 倒入切好的菠菜，炒散，至其变软，加入盐、鸡粉，炒匀炒透，关火后盛出菜肴，装在盘中即可。

牛肉蔬菜咖喱

⏱ 10分钟　　🍖 益气补血

原料： 牛肉380克，胡萝卜190克，土豆200克，口蘑100克，姜片、咖喱块各适量

调料： 盐2克，鸡粉2克，水淀粉6毫升，白糖2克，食用油、食粉各适量

做法

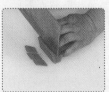

1 洗净去皮的胡萝卜切菱形片；洗净去皮的土豆切成片；洗净的口蘑去柄，切成片。

2 牛肉切成片，装入碗中，加入食粉和少许的盐、鸡粉、水淀粉、食用油，拌匀。

3 沸水锅中倒入土豆、口蘑、胡萝卜，焯熟后捞出；倒入牛肉，氽熟后捞出。

4 热锅注油烧热，倒入姜片、咖喱块，炒至熔化，注入清水，倒入焯好的食材。

烹饪小提示

牛肉在切之前可以用刀背拍松，口感会更加嫩。

5 倒入牛肉，加入盐、鸡粉、白糖、水淀粉，拌匀，将炒好的菜肴盛出即可。

韭菜黄豆炒牛肉

⏱ 10分钟　🍲 开胃消食

扫一扫看视频

原料： 韭菜150克，水发黄豆100克，牛肉300克，干辣椒少许
调料： 盐3克，鸡粉2克，水淀粉4毫升，料酒8毫升，老抽3毫升，生抽5毫升，食用油适量

做法

1 沸水锅中倒入洗好的黄豆，略煮至其断生，捞出黄豆，沥干水分。

2 韭菜洗净切段；牛肉洗净切丝，用水淀粉和少许的盐、料酒腌渍片刻。

3 热锅注油，倒入牛肉丝、干辣椒，淋入料酒，放入黄豆、韭菜，翻炒均匀。

4 加入盐、鸡粉，淋入老抽、生抽，炒匀，关火后将炒好的菜肴盛入盘中即可。

扫一扫看视频

10分钟

益气补血

干煸芋头牛肉丝

原料： 牛肉270克，鸡腿菇45克，芋头70克，青椒15克，红椒10克，姜丝、蒜片各少许

调料： 盐3克，白糖、食粉各少许，料酒4毫升，生抽6毫升，食用油适量

烹饪小提示

芋头已切成丝，炸的时候油温最好低一些，以免将芋头丝炸煳，影响菜肴的味道。

做法

1 将去皮洗净的芋头切丝；洗好的鸡腿菇、红椒、青椒、牛肉均切丝。

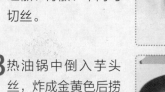

2 把肉丝装入碗中，放入料酒、食粉、部分姜丝和少许的盐、生抽，拌匀，腌渍片刻。

3 热油锅中倒入芋头丝，炸成金黄色后捞出；油锅中再倒入鸡腿菇，炸熟后捞出。

4 用油起锅，撒上余下的姜丝，放入蒜片，爆香，倒入肉丝，炒匀，至其转色。

5 倒入红椒丝、青椒丝，炒匀炒透，至其变软，放入炸好的芋头丝和鸡腿菇，炒散。

6 加入盐、生抽、白糖，用大火翻炒匀，至食材熟透，关火后盛出炒好的菜肴即可。

蒜薹炒肉丝

 ⏱ 10分钟 🍲 降低血脂

扫一扫看视频

原料： 牛肉240克，蒜薹120克，彩椒40克，姜片、葱段各少许
调料： 盐、鸡粉各3克，白糖、生抽、食粉、生粉、料酒、水淀粉、食用油各适量

做法

1 将洗净的蒜薹切成段；洗好的彩椒切成条；洗净的牛肉拍打松软，切成细丝。

2 把牛肉丝装入碗中，加入食粉、生粉和少许的盐、鸡粉、白糖、生抽、食用油，腌渍片刻。

3 热油锅中倒入牛肉丝，滑油后捞出；用油起锅，爆香姜片、葱段，放入蒜薹、彩椒。

4 淋入料酒，放入牛肉丝、盐、鸡粉、生抽、白糖、水淀粉，炒匀，关火后盛出即可。

扫一扫看视频

小炒牛肉丝

🕐 10分钟　　🍽 增强免疫力

原料： 牛里脊肉300克，茭白100克，洋葱70克，青椒25克，红椒25克，姜片、蒜末、葱段各少许

调料： 食粉3克，生抽5毫升，盐4克，鸡粉4克，料酒5毫升，水淀粉4毫升，豆瓣酱、食用油各适量

做法

1 洗好的洋葱、茭白、牛肉均切成丝；洗净的红椒、青椒均去籽，再切成细丝。

2 牛肉用食粉和少许的生抽、鸡粉、盐、水淀粉、食用油腌渍至其入味；茭白丝焯水后捞出。

3 牛肉丝滑油后捞出；锅底留油，倒入姜片、葱段、蒜末、豆瓣酱、洋葱、青椒丝。

4 加入红椒丝、茭白丝、牛肉丝、料酒、生抽、盐、鸡粉、水淀粉，炒匀，盛出即可。

扫一扫看视频

香菇牛柳

🕙 10分钟　🍲 增强免疫力

原料： 芹菜40克，香菇30克，牛肉200克，红椒少许

调料： 盐2克，鸡粉2克，生抽8毫升，水淀粉6毫升，蚝油4毫升，料酒、食用油各适量

做法

1. 洗净的香菇切成片；洗好的芹菜切成段；洗净的牛肉切成条。

2. 把牛肉条装入碗中，放入盐、料酒和少许的生抽、水淀粉、食用油，腌渍至其入味。

3. 沸水锅中倒入香菇，略煮片刻，捞出香菇，沥干水分。

4. 热锅注油，倒入牛肉，放入香菇、红椒、芹菜，加入生抽、鸡粉、蚝油、水淀粉，翻炒片刻至食材入味，关火后将炒好的菜肴装入盘中即可。

扫一扫看视频

豌豆炒牛肉粒

🕙 10分钟　🍲 开胃消食

原料： 牛肉260克，彩椒20克，豌豆300克，姜片少许

调料： 盐2克，鸡粉2克，料酒3毫升，食粉2克，水淀粉10毫升，食用油适量

做法

1. 将洗净的彩椒切成丁；洗好的牛肉切成粒，用食粉和少许的盐、料酒、水淀粉、食用油腌渍。

2. 沸水锅中倒入豌豆，加入彩椒和少许的盐、食用油，煮熟后捞出食材；热锅注油烧热，倒入牛肉，滑油后捞出。

3. 用油起锅，放入姜片，爆香，倒入牛肉、料酒、焯过水的食材，炒匀。

4. 加入盐、鸡粉、水淀粉，翻炒均匀，关火后盛出炒好的菜肴即可。

黑椒苹果牛肉粒

⏱ 10分钟　🫘 开胃消食

原料： 苹果120克，牛肉100克，芥蓝梗45克，洋葱30克，黑胡椒粒4克，姜片、蒜末、葱段各少许

调料： 盐3克，鸡粉、食粉各少许，老抽2毫升，料酒、生抽各3毫升，水淀粉、食用油各适量

做法

1 将去皮的洋葱切成丁；洗好的芥蓝梗切成段；去皮的苹果去果核，切成小块。

2 洗好的牛肉切成丁，用食粉和少许的盐、鸡粉、生抽、水淀粉、食用油腌渍至入味。

3 沸水锅中加入少许食用油、盐，放入芥蓝梗、苹果丁，焯熟后捞出；牛肉丁汆熟捞出。

4 用油起锅，爆香姜片、蒜末、葱段、黑胡椒粒，倒入洋葱丁、牛肉丁、料酒。

烹饪小提示

芥蓝梗的根部切上十字花刀，炒制时才更容易入味。

5 放入生抽、老抽、焯过的食材、盐、鸡粉、水淀粉，炒匀，关火后盛出即可。

120

回锅牛筋

⏱ 7分钟　　🍵 益气补血

扫一扫看视频

原料： 牛筋块150克，青椒、红椒各30克，花椒、八角、姜片、蒜末、葱段各少许

调料： 盐2克，鸡粉2克，生抽6毫升，豆瓣酱10克，料酒3毫升，水淀粉8毫升，食用油适量

做法

1 洗净的青椒、红椒均去籽，切小块。

2 沸水锅中加入少许盐，倒入牛筋，焯后捞出，沥干水分。

3 用油起锅，爆香花椒、八角、姜片、蒜末、葱段，放入青椒、红椒，炒匀。

4 放入牛筋、生抽、豆瓣酱、料酒、清水、盐、鸡粉、水淀粉，炒匀，盛出即可。

西芹湖南椒炒牛肚

⏱ 5分钟　　🍵 健脾止泻

原料： 熟牛肚200克，湖南椒80克，西芹110克，朝天椒30克，姜片、蒜末、葱段各少许

调料： 盐、鸡粉各2克，料酒、生抽、芝麻油各5毫升，食用油适量

做法

1 洗净的湖南椒切小块；洗好的西芹切小段；洗净的朝天椒切圈；熟牛肚切粗条。

2 用油起锅，爆香朝天椒、姜片，放入牛肚、蒜末、湖南椒、西芹段，炒匀。

3 加入料酒、生抽，注入清水，加入盐、鸡粉，加入芝麻油，翻炒均匀。

4 放入葱段，翻炒至入味，关火后盛出炒好的菜肴即可。

扫一扫看视频

红烧牛肚

⏱ 5分钟　🍲 益气补血

原料： 牛肚270克，蒜苗120克，彩椒40克，姜片、蒜末、葱段各少许

调料： 盐、鸡粉各2克，蚝油7毫升，豆瓣酱10克，生抽、料酒各5毫升，老抽6毫升，水淀粉、食用油各适量

做法

1 洗净的蒜苗切成段；洗好的彩椒切菱形块；处理干净的牛肚切薄片。

2 沸水锅中倒入牛肚，拌匀，汆去异味，捞出材料，沥干水分。

3 用油起锅，爆香姜片、蒜末、葱段，倒入牛肚、料酒、彩椒、蒜苗梗、生抽，炒匀。

4 加入豆瓣酱、清水、盐、鸡粉、蚝油、老抽，放入蒜苗叶、水淀粉，炒匀即可。

扫一扫看视频

木耳炒百叶

⏱ 5分钟　🍲 益气补血

原料： 牛百叶150克，水发木耳80克，红椒、青椒各25克，姜片少许

调料： 盐3克，鸡粉少许，料酒4毫升，水淀粉、芝麻油、食用油各适量

做法

1 将洗净的牛百叶切小块；洗好的木耳切除根部，改切小块；洗净的青椒、红椒均去籽，切菱形片。

2 沸水锅中倒入木耳、牛百叶，去除杂质后捞出，沥干水分。

3 用油起锅，撒上姜片，爆香，倒入青椒片、红椒片，放入木耳、牛百叶，淋入料酒，炒匀。

4 注入清水，大火煮沸，加入盐、鸡粉、水淀粉、芝麻油，炒匀，关火后盛入盘中即可。

扫一扫看视频

⏱ 2分钟

🥘 防癌抗癌

蒜薹炒牛舌

原料： 蒜薹200克，青椒25克，红椒15克，卤牛舌230克，干辣椒、姜片、蒜末、葱段各少许

调料： 盐2克，料酒4毫升，生抽3毫升，鸡粉2克，水淀粉10毫升，食用油适量

烹饪小提示

蒜薹焯水的时间不宜过长，否则会影响口感；可依据自己的喜好增减干辣椒的用量。

做法

1 洗好的蒜薹切长段；洗净的青椒、红椒均去籽，再切小块；卤牛舌切成薄片。

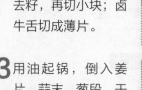

2 沸水锅中加入少许盐、食用油，放入蒜薹、青椒、红椒，煮约半分钟，捞出材料，沥干水分。

3 用油起锅，倒入姜片、蒜末、葱段、干辣椒，爆香。

4 倒入牛舌，炒香，放入焯过水的材料，炒匀炒透。

5 淋入料酒、生抽，加入盐、鸡粉，快速炒匀，至食材入味。

6 用水淀粉勾芡，盛出炒好的菜肴即成。

酱爆大葱羊肉

⏱ 7分钟　🫘 保肝护肾

扫一扫看视频

原料： 羊肉片130克，大葱段70克，黄豆酱30克
调料： 盐、鸡粉、白胡椒粉各1克，生抽、料酒、水淀粉各5毫升，食用油适量

做法

1 羊肉片装碗，加入盐、料酒、白胡椒粉、水淀粉、食用油，拌匀，腌渍。

2 热锅注油，倒入腌好的羊肉，炒约1分钟至转色。

3 倒入黄豆酱，放入大葱，翻炒出香味。

4 加入鸡粉、生抽，大火翻炒至入味，关火后盛出菜肴即可。

香菜炒羊肉

⏱ 3分钟　🍴 开胃消食

原料： 羊肉270克，香菜段85克，彩椒20克，姜片、蒜末各少许
调料： 盐3克，鸡粉、胡椒粉各2克，料酒6毫升，食用油适量

做法

1 将洗净的彩椒切粗条；洗好的羊肉切片，再切成粗丝。

2 用油起锅，放入姜片、蒜末，爆香，倒入羊肉，炒至变色，淋入料酒，炒匀。

3 放入彩椒丝，用大火炒至变软，转小火，加入盐、鸡粉、胡椒粉，炒匀调味。

4 倒入香菜段，快速翻炒至其散出香味，关火后盛出炒好的菜肴即成。

扫一扫看视频

松仁炒羊肉

⏱ 7分钟　🫘 补肾壮阳

原料： 羊肉400克，彩椒60克，豌豆80克，松仁50克，胡萝卜片、姜片、葱段各少许

调料： 盐4克，鸡粉4克，食粉1克，生抽5毫升，料酒10毫升，水淀粉13毫升，食用油适量

做法

1 洗净的彩椒切成小块；洗好的羊肉切成片。

2 把羊肉片装入碗中，加入食粉、生抽和少许的盐、鸡粉、水淀粉，拌匀，腌渍片刻。

3 沸水锅中加入少许油、盐，放入豌豆、彩椒、胡萝卜片，煮熟后捞出；用油起锅，放入松仁，炸香后捞出；油锅中放入羊肉，滑油后捞出。

4 锅底留油，放入姜片、葱段，爆香，倒入焯过水的食材、羊肉、料酒，加入鸡粉、盐，倒入水淀粉，炒匀，关火后盛出即可。

扫一扫看视频

孜然羊肚

⏱ 2分钟　🫘 增强免疫力

原料： 熟羊肚200克，青椒25克，红椒25克，姜片、蒜末、葱段各少许

调料： 孜然2克，盐2克，生抽5毫升，料酒10毫升，食用油适量

做法

1 将羊肚切成条；洗好的红椒、青椒均去籽，切成粒。

2 沸水锅中倒入羊肚，汆去杂质，捞出，沥干水分。

3 用油起锅，倒入姜片、蒜末、葱段，爆香，放入青椒、红椒，快速翻炒均匀。

4 倒入羊肚，淋入料酒，炒匀，放入盐、生抽，加入孜然粒，翻炒均匀，盛出炒好的羊肚，装入盘中即可。

红烧羊肚

⏱ 3分钟　🍃 益气补血

原料： 熟羊肚200克，竹笋100克，水发香菇10克，青椒、红椒、姜片、葱段各少许

调料： 盐2克，鸡粉3克，料酒5毫升，生抽、水淀粉、食用油各适量

做法

1 洗净的青椒、红椒均去籽，切成小块；洗净的香菇切去蒂部，切成小块。

2 洗好去皮的竹笋切片；熟羊肚切成块；沸水锅中倒入笋片，煮熟后捞出。

3 用油起锅，放入姜片、葱段，倒入青椒、红椒、香菇、竹笋、羊肚，炒匀。

4 淋入料酒，加入盐、鸡粉、生抽，拌匀，倒入水淀粉，炒匀，关火后盛出菜肴即可。

扫一扫看视频

韭菜炒羊肝

⏱ 7分钟　🍃 增强免疫力

原料： 韭菜120克，姜片20克，羊肝250克，红椒45克

调料： 盐3克，鸡粉3克，生粉5克，料酒16毫升，生抽4毫升，食用油适量

做法

1 洗好的韭菜切成段；洗净的红椒去籽，切成条；处理干净的羊肝切成片。

2 将羊肝装入碗中，放入姜片、生粉和少许的料酒、盐、鸡粉，拌匀，腌渍至其入味。

3 沸水锅中放入羊肝，煮至沸，汆去血水，捞出，沥干水分。

4 用油起锅，倒入羊肝、料酒、生抽、韭菜、红椒，加入盐、鸡粉，快速炒匀，盛出炒好的菜肴即可。

扫一扫看视频

PART 04 嫩滑禽蛋小炒，请让味蕾复苏吧

　　禽蛋是餐桌上不可或缺的美味，本部分精心挑选出了生活中最常见的禽蛋食材，烹制出数道精美小炒，通过各式搭配教你做出别具一格的新鲜滋味。一起通过味蕾来感受禽蛋小炒的别样魅力吧！

胡萝卜鸡肉茄丁

⏱ 12分钟　🍲 增强免疫力

原料： 去皮茄子100克，鸡胸肉200克，去皮胡萝卜95克，蒜片、葱段各少许

调料： 盐2克，白糖2克，胡椒粉3克，蚝油5毫升，生抽、水淀粉各5毫升，料酒10毫升，食用油适量

做法

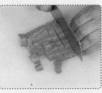

1 洗净去皮的茄子、胡萝卜均切丁；洗净的鸡胸肉切丁。

2 鸡肉丁装碗，加入少许盐、料酒、水淀粉、食用油，拌匀，腌渍至入味。

3 用油起锅，倒入腌好的鸡肉丁，翻炒约2分钟至转色，盛出鸡肉丁，装盘待用。

4 另起锅注油，放入胡萝卜丁、葱段、蒜片、茄子丁、料酒、清水、盐，炒匀。

烹饪小提示

鸡肉丁初步炒好盛出时，可用厨房纸吸走多余油分，减少油腻感。

5 焖至食材熟软，放入鸡肉丁、蚝油、胡椒粉、生抽、白糖、水淀粉，炒匀，盛出即可。

扫一扫看视频

酱爆桃仁鸡丁

⏱ 10分钟　🥘 增强免疫力

扫一扫看视频

原料： 核桃仁20克，光鸡350克，黄豆酱25克，蛋液15克，葱段、姜丝各少许
调料： 盐2克，鸡粉2克，料酒4毫升，白糖3克，水淀粉4毫升，生粉10克，食用油适量

做法

1 将光鸡切丁，装入碗中，加入料酒、生粉和少许盐，搅拌均匀，腌渍片刻。

2 热油锅中放入核桃仁，滑油后捞出；油锅中再倒入鸡丁，滑油至断生后捞出。

3 锅留底油，放入姜丝，爆香，倒入鸡丁、黄豆酱，炒匀，倒入清水。

4 放入盐、鸡粉、白糖、水淀粉，放入葱段、核桃仁，炒匀，将菜肴盛出装盘即可。

扫一扫看视频

腰果炒鸡丁

🕐 10分钟 ☁️ 增强免疫力

原料： 鸡肉丁250克，腰果80克，青椒丁50克，红椒丁50克，姜末、蒜末各少许

调料： 盐3克，干淀粉5克，黑胡椒粉2克，料酒7毫升，食用油10毫升

做法

1 取一碗，加入干淀粉、黑胡椒粉、料酒、鸡肉丁，拌匀，腌渍片刻。

2 热锅注油，放入腰果，小火翻炒至微黄色，将炒好的腰果盛出，装入盘中。

3 锅底留油，爆香姜末、蒜末，放入鸡肉丁，翻炒约2分钟至转色。

4 倒入青椒丁、红椒丁，加入盐、腰果，炒匀，关火后将炒好的菜肴盛出即可。

扫一扫看视频

鸡丁炒鲜贝

🕐 7分钟　💪 增强免疫力

原料： 鸡胸肉180克，香干70克，干贝85克，青豆65克，胡萝卜75克，姜末、蒜末、葱段各少许

调料： 盐5克，鸡粉3克，料酒4毫升，水淀粉、食用油各适量

做法

1 将洗净的香干切丁；去皮洗好的胡萝卜切成丁；洗净的鸡胸肉切成丁。

2 鸡丁装碗，放入少许盐、鸡粉、水淀粉、食用油，腌渍；沸水锅中放入少许盐、食用油，加入青豆、香干、胡萝卜、干贝，拌匀，煮熟后捞出全部食材。

3 用油起锅，爆香姜末、蒜末、葱段，倒入鸡肉、料酒、焯过水的食材。

4 加入盐、鸡粉、水淀粉炒匀，盛出即成。

扫一扫看视频

鸡丁萝卜干

🕐 7分钟　💪 增强免疫力

原料： 鸡胸肉150克，萝卜干160克，红椒片30克，姜片、蒜末、葱段各少许

调料： 盐3克，鸡粉2克，料酒5毫升，水淀粉、食用油各适量

做法

1 将洗好的萝卜干切成丁；洗净的鸡胸肉切成丁，放入碗中，加入少许盐、鸡粉、水淀粉、食用油，腌渍至入味。

2 沸水锅中倒入萝卜丁，焯片刻，捞出，沥干水分，放在盘中。

3 用油起锅，爆香姜片、蒜末、葱段，倒入鸡肉丁，加入料酒、萝卜丁、红椒片，炒匀。

4 转成小火，加入盐、鸡粉、水淀粉，炒匀，关火后盛出炒好的菜肴即成。

扫一扫看视频

⏱ 7分钟

🍃 瘦身排毒

白果鸡丁

原料： 鸡胸肉300克，彩椒60克，白果120克，姜片、葱段、蒜末各少许

调料： 盐适量，鸡粉2克，水淀粉8克，生抽、料酒、食用油各少许

烹饪小提示

白果有微毒，在烹饪前可先用温水浸泡数小时，这样能大大减少有毒物质的危害。

做法

1 洗净的彩椒切成小块；洗好的鸡胸肉切成丁。

2 将鸡肉丁装入碗中，放入盐、鸡粉、水淀粉、食用油，腌渍至其入味。

3 沸水锅中加入少许盐、食用油，放入白果、彩椒块，拌匀，焯片刻，捞出。

4 热锅注油烧热，倒入鸡肉丁，炸至变色，捞出。

5 锅底留油，爆香蒜末、姜片、葱段，倒入白果、彩椒、鸡肉丁、料酒、盐、鸡粉。

6 倒入生抽，淋入水淀粉，炒匀，关火后盛出炒好的菜肴，装入盘中即可。

魔芋泡椒鸡

⏱ 7分钟　🍜 降低血脂

原料： 魔芋黑糕300克，鸡脯肉120克，泡朝天椒圈30克，姜丝、葱段各少许
调料： 盐、白糖各2克，鸡粉3克，白胡椒粉4克，料酒、辣椒油、生抽各5毫升，水淀粉、蚝油、食用油各适量

做法

1 魔芋黑糕切成块；洗好的鸡脯肉沥干水分，切成丁。

2 鸡肉丁中加入盐、料酒、白胡椒粉和少许的水淀粉、食用油，拌匀，腌渍片刻。

3 将魔芋块放入清水中浸泡片刻后捞出；用油起锅，倒入鸡肉、姜丝、泡朝天椒圈。

4 放入魔芋块、生抽、清水、白糖、蚝油、鸡粉、水淀粉、辣椒油，炒匀，盛出即可。

香菜炒鸡丝

⏱ 7分钟　🥗 增强免疫力

原料: 鸡胸肉400克,香菜120克,彩椒80克

调料: 盐3克,鸡粉2克,水淀粉4毫升,料酒10毫升,食用油适量

做法

1 洗净的香菜切段;洗好的彩椒切成丝;洗净的鸡胸肉切成丝。

2 将鸡肉丝放入碗中,加入少许盐、鸡粉、食用油,放入水淀粉,腌渍至入味。

3 热锅注油烧热,倒入鸡肉丝,滑油后捞出;锅底留油,倒入彩椒丝、鸡肉丝。

4 淋入料酒,加入鸡粉、盐、香菜,炒匀,关火后盛出炒好的食材,装盘即可。

扫一扫看视频

双椒鸡丝

🕐 7分钟　🍴 保肝护肾

原料： 鸡胸肉250克，青椒75克，彩椒35克，红小米椒25克，花椒少许

调料： 盐2克，鸡粉、胡椒粉各少许，料酒6毫升，水淀粉、食用油各适量

做法

1 将洗净的青椒去籽，切细丝；洗好的彩椒切细丝；洗净的红小米椒切小段。

2 洗好的鸡胸肉切细丝，加入少许盐、料酒、水淀粉，拌匀，腌渍片刻。

3 用油起锅，倒入肉丝，放入花椒、红小米椒、料酒，炒匀。

4 倒入青椒丝、彩椒丝、盐、鸡粉、胡椒粉、水淀粉，炒匀，关火后盛出即可。

扫一扫看视频

青椒炒鸡丝

🕐 7分钟　🍴 益气补血

原料： 鸡胸肉150克，青椒55克，红椒25克，姜丝、蒜末各少许

调料： 盐2克，鸡粉3克，豆瓣酱5克，料酒、水淀粉、食用油各适量

做法

1 将洗净的红椒、青椒均去籽，切成丝；洗净的鸡胸肉切丝。

2 把鸡肉丝装入碗中，放入少许盐、鸡粉、水淀粉、食用油，腌渍至入味。

3 沸水锅中加入食用油、红椒、青椒，煮至七成熟，捞出，装盘。

4 用油起锅，放入姜丝、蒜末，爆香，倒入鸡肉丝、青椒、红椒，加入豆瓣酱、盐、鸡粉、水淀粉、料酒，炒匀，把炒好的材料盛出即可。

扫一扫看视频

蒜苗豆芽炒鸡丝

⏱ 7分钟　☁ 益气补血

原料： 蒜苗90克，黄豆芽70克，鸡胸肉130克，红椒20克，姜片、蒜末各少许

调料： 盐2克，料酒3毫升，水淀粉6毫升，鸡粉2克，食用油适量

做法

1 洗好的蒜苗切长段；洗净的黄豆芽切去根部；洗好的红椒去籽，切粗丝。

2 处理好的鸡胸肉切细丝，加入少许盐、料酒、水淀粉、食用油，拌匀，腌渍片刻。

3 用油起锅，倒入姜片、蒜末，爆香，放入鸡肉丝，炒匀至其变色。

4 倒入蒜苗梗，放入红椒、黄豆芽、蒜苗叶，炒至熟软。

烹饪小提示

蒜苗不宜炒太长时间，炒得太熟会降低其营养价值。

5 加入盐、鸡粉、料酒，倒入水淀粉，炒匀至食材入味，关火后盛出炒好的菜肴即可。

西葫芦炒鸡丝

⏱ 7分钟　　☁ 清热解毒

扫一扫看视频

原料： 西葫芦160克，彩椒30克，鸡胸肉70克
调料： 盐2克，鸡粉2克，料酒3毫升，水淀粉6毫升，食用油适量

做法

1 将洗净的西葫芦切成细丝；洗好的彩椒切成细丝；洗净的鸡胸肉切成细丝。

2 将鸡肉丝装入碗中，加入少许盐、料酒、水淀粉、食用油，拌匀，腌渍至其入味。

3 热油锅中倒入鸡肉丝，滑油后捞出；锅底留油烧热，倒入彩椒、鸡肉丝。

4 加入西葫芦、盐、鸡粉、料酒、水淀粉，炒匀，关火后盛出炒好的菜肴即可。

扫一扫看视频

干煸麻辣鸡丝

⏱ 7分钟　🍽 开胃消食

原料： 鸡胸肉300克，干辣椒6克，花椒4克，花生碎、白芝麻、蒜末、葱花各少许

调料： 盐3克，鸡粉3克，生抽4毫升，水淀粉、辣椒油、食用油各适量

做法

1 处理好的鸡胸肉切成丝，装入碗中，加入少许盐、鸡粉，抓匀。

2 倒入适量水淀粉，抓匀上浆，倒入少许食用油，腌渍至其入味。

3 用油起锅，爆香蒜末、干辣椒、花椒，倒入鸡肉丝，加入盐、鸡粉、生抽，炒匀。

4 放入辣椒油、葱花、白芝麻、花生碎，炒匀，关火后将炒好的菜肴盛出即可。

竹笋炒鸡丝

⏱ 7分钟　🍲 增强免疫力

原料： 竹笋170克，鸡胸肉230克，彩椒35克，姜末、蒜末各少许

调料： 盐2克，鸡粉2克，料酒3毫升，水淀粉、食用油各适量

做法

1 洗净的竹笋切细丝；洗好的彩椒切粗丝；洗净的鸡胸肉切细丝。

2 将鸡肉丝装入碗中，加入少许盐、鸡粉、水淀粉、食用油，腌渍片刻；沸水锅中放入竹笋丝，加入少许盐、鸡粉，焯约半分钟，捞出。

3 热锅注油，倒入姜末、蒜末，爆香，倒入鸡胸肉、料酒、彩椒丝、竹笋丝，炒匀。

4 加入盐、鸡粉，炒匀，倒入水淀粉勾芡，盛出炒好的菜肴即可。

圆椒桂圆炒鸡丝

⏱ 7分钟　🍲 益气补血

原料： 鸡胸肉400克，胡萝卜100克，圆椒80克，桂圆肉40克，姜片、葱段各少许

调料： 盐3克，鸡粉3克，料酒10毫升，水淀粉16毫升，食用油适量

做法

1 洗好的圆椒去籽，切成丝；洗净的胡萝卜切成丝；洗好的鸡胸肉切成丝。

2 将鸡肉丝装入碗中，加入少许盐、鸡粉、水淀粉、食用油，拌匀，腌渍至其入味。

3 锅中注水烧开，加入少许盐、食用油，放入胡萝卜丝，拌匀，煮约半分钟，捞出胡萝卜丝。

4 用油起锅，放入姜片、葱段、鸡肉丝、料酒、圆椒丝、胡萝卜丝，加入鸡粉、盐、桂圆肉、水淀粉，炒匀，关火后盛出即可。

扫一扫看视频

芦笋炒鸡柳

🕐 7分钟　🐷 开胃消食

原料： 鸡胸肉150克，芦笋120克，西红柿75克

调料： 盐3克，鸡粉2克，水淀粉、食用油各适量

▌做法

1 洗净去皮的芦笋切粗条；洗好的鸡胸肉切成鸡柳；洗净的西红柿切小瓣。

2 把鸡柳装入碗中，加入盐、鸡粉、水淀粉，拌匀，腌渍至其入味。

3 沸水锅中倒入芦笋条，加入少许食用油、盐，煮熟后捞出；用油起锅，倒入鸡柳、芦笋条。

4 放入西红柿、盐、鸡粉、水淀粉，翻炒至食材熟透，盛出炒好的菜肴即可。

扫一扫看视频

双菇烩鸡片

⏱ 7分钟　🫘 益气补血

原料：鲜香菇50克，金针菇80克，上海青100克，鸡胸肉150克，姜片适量

调料：盐3克，鸡粉3克，生粉2克，白糖2克，蚝油5毫升，老抽4毫升，料酒5毫升，水淀粉、食用油各适量

做法

1 金针菇切去根部；洗好的香菇、鸡胸肉均切片；洗净的上海青切成瓣。

2 鸡肉片用生粉和少许的盐、鸡粉、食用油，腌渍；沸水锅中放入白糖、上海青和少许的盐、食用油，煮熟后捞出；香菇、金针菇焯熟后捞出；鸡肉片氽熟后捞出；上海青摆盘中。

3 用油起锅，放入姜片、鸡肉片、香菇、金针菇、盐、鸡粉、清水、料酒、水淀粉、老抽炒匀，盛出即可。

扫一扫看视频

香菇口蘑烩鸡片

⏱ 7分钟　☁ 增强免疫力

原料：鸡胸肉230克，香菇45克，口蘑65克，彩椒20克，姜片、葱段各少许

调料：盐、鸡粉各2克，胡椒粉1克，水淀粉、料酒各少许，食用油适量

做法

1 洗净的彩椒切成大块；洗好的香菇去蒂，改切成小块；洗净的口蘑切成小块；洗好的鸡胸肉切块。

2 沸水锅中倒入香菇、口蘑，拌匀，煮约1分钟，捞出，沥干水分。

3 用油起锅，爆香姜片、葱段，放入鸡胸肉、料酒，炒至变色，注入清水，倒入香菇、口蘑、彩椒，煮至熟。

4 加入盐、鸡粉、胡椒粉、水淀粉，拌匀，关火后盛出锅中的菜肴即可。

扫一扫看视频

⏱ 7分钟

☁ 增强免疫力

麻辣干炒鸡

原料： 鸡腿300克，干辣椒10克，花椒7克，葱段、姜片、蒜末各少许

调料： 盐2克，鸡粉1克，生粉6克，料酒4毫升，生抽5毫升，辣椒油6毫升，花椒油5毫升，五香粉2克，食用油适量

烹饪小提示

在炸鸡块时，油温不宜过高，否则容易将鸡块的表面炸焦，而里面却没有熟透。

做法

1 将洗净的鸡腿切开，斩成小件。

2 把鸡块装碗，加入少许的盐、鸡粉、生抽、生粉、食用油，放入生粉，腌渍片刻。

3 锅中注油烧热，倒入鸡块，炸香后捞出，沥干油，待用。

4 锅底留油烧热，放入葱段、姜片、蒜末、干辣椒、花椒、爆香。

5 倒入炸好的鸡块，淋入料酒、生抽，加入盐、鸡粉，炒匀。

6 倒入辣椒油、花椒油，撒上五香粉，翻炒片刻，关火后盛出炒好的菜肴即可。

麻辣怪味鸡

⏱ 7分钟　🍖 增强免疫力

原料： 鸡肉300克，红椒20克，蒜末、葱花各少许
调料： 盐2克，鸡粉2克，生抽5毫升，辣椒油10毫升，料酒、生粉、花椒粉、辣椒粉、食用油各适量

做法

1 将洗净的红椒切成小块；洗好的鸡肉斩成小块。

2 鸡肉块装入碗中，加入生抽、料酒、生粉，放入少许的盐、鸡粉拌匀，腌渍片刻。

3 热油锅中倒入鸡肉块，炸香后捞出；锅底留油烧热，放入蒜末、红椒块、鸡肉。

4 倒入花椒粉、辣椒粉、葱花，加入盐、鸡粉、辣椒油，炒匀，盛出菜肴即可。

扫一扫看视频

榛蘑辣爆鸡

🕐 32分钟　　🍵 益气补血

原料： 鸡块235克，水发榛蘑35克，八角2个，花椒10克，桂皮5片，干辣椒10克，姜片少许

调料： 盐、鸡粉各2克，白糖3克，料酒、生抽、老抽、辣椒油、花椒油各5毫升，水淀粉、食用油各适量

做法

1 沸水锅中放入洗净的鸡块，汆片刻，关火后盛出鸡块，沥干水分。

2 用油起锅，放入八角、花椒、桂皮、姜片、干辣椒，爆香，倒入鸡块。

3 加入料酒、生抽、老抽，放入洗净的榛蘑，炒匀，注入清水，加入盐，拌匀。

4 煮至食材熟透，加入鸡粉、白糖、水淀粉、辣椒油、花椒油，拌匀，盛出即可。

花椒鸡

🕐 15分钟　🥢 开胃消食

原料： 鸡肉块300克，花椒10克，洋葱90克，青椒50克，姜片、葱段各少许

调料： 盐2克，鸡粉3克，料酒8毫升，生抽4毫升，老抽2毫升，水淀粉3毫升，食用油适量

做法

1 将洗净的洋葱切小块；洗净的青椒切开，去籽，切小块。

2 沸水锅中倒入鸡肉块，煮沸，余去血水，把鸡肉块捞出，沥干水分，待用。

3 用油起锅，放入花椒、姜片、葱段，爆香，倒入鸡肉块，放入料酒、生抽、老抽，炒匀，再加入清水，用中火焖10分钟。

4 放入洋葱、青椒、盐、鸡粉，炒匀，放入水淀粉勾芡，将炒好的花椒鸡盛出装盘即可。

左宗棠鸡

🕐 7分钟　🥢 增强免疫力

原料： 鸡腿250克，鸡蛋1个，姜片、干辣椒、蒜末、葱花各少许

调料： 辣椒油5毫升，鸡粉3克，盐3克，白糖4克，料酒10毫升，生粉30克，白醋、食用油各适量

做法

1 处理干净的鸡腿切开，去除骨头，再切成小块。

2 把鸡肉装入碗中，放入少许的盐、鸡粉、料酒，加入蛋黄、生粉，搅匀，腌渍至入味。

3 热锅注油烧热，倒入鸡肉，炸至金黄色，捞出，沥干油。

4 锅底留油，放入蒜末、姜片、干辣椒，爆香，倒入鸡肉、料酒，炒匀。

5 放入辣椒油、盐、鸡粉、白糖、白醋，倒入葱花，炒匀，将炒好的鸡肉盛出即可。

扫一扫看视频

歌乐山辣子鸡

⏱ 2分钟 🍲 美容养颜

原料： 鸡腿肉300克，干辣椒30克，芹菜12克，彩椒10克，葱段、蒜末、姜末各少许

调料： 盐3克，鸡粉少许，料酒4毫升，辣椒油、食用油各适量

做法

1 将洗净的鸡腿肉切小块；洗好的芹菜斜刀切段；洗净的彩椒切菱形片。

2 热锅注油烧热，倒入鸡块，炸至食材断生后捞出，沥干油。

3 用油起锅，倒入姜末、蒜末、葱段，爆香，倒入鸡块、料酒，炒出香味。

4 放入干辣椒，炒出辣味，加入盐、鸡粉、芹菜和彩椒，炒匀。

烹饪小提示

鸡块可先用少许生粉腌渍一下再用油炸，这样肉质会更嫩。

5 淋入辣椒油，炒匀，至食材入味，关火后盛出炒好的菜肴，装在盘中即可。

香辣鸡脆骨

⏱ 4分钟　🍖 补钙

扫一扫看视频

原料: 鸡脆骨230克，大葱20克，花生25克，花椒3克，干辣椒段7克，蒜头15克

调料: 盐2克，料酒4毫升，老抽3毫升，生粉、生抽、鸡粉、食用油各适量

做法

1 洗好的大葱用斜刀切段；沸水锅中加入鸡脆骨和少许的盐、料酒，汆去血水，捞出。

2 鸡脆骨中加入老抽、生粉，拌匀上浆；将花生炸香后捞出。

3 油锅中倒入蒜头、鸡脆骨，炸香后捞出；用油起锅，爆香干辣椒、花椒。

4 放入大葱、鸡脆骨、料酒、生抽、盐、鸡粉、花生，炒匀，盛出菜肴即可。

椒盐鸡脆骨

⏱ 6分钟　🫘 补钙

原料： 鸡脆骨200克，青椒20克，红椒15克，蒜苗25克，花生20克，蒜末、葱花各少许

调料： 料酒6毫升，盐2克，生粉6克，生抽4毫升，五香粉4克，鸡粉2克，胡椒粉3克，芝麻油6毫升，辣椒油5毫升，食用油适量

做法

1 蒜苗切段；红椒、青椒均切块；沸水锅中倒入鸡脆骨、料酒、少许盐，氽熟捞出。

2 鸡脆骨中加入生抽、生粉，拌匀上浆；将花生炸熟后捞出；将鸡脆骨炸香后捞出。

3 用油起锅，爆香蒜末，倒入青椒、红椒、蒜苗、五香粉、鸡脆骨，炒匀。

4 加入盐、鸡粉、胡椒粉、芝麻油、辣椒油、葱花，炒匀，关火后盛出菜肴即可。

扫一扫看视频

双椒炒鸡脆骨

⏱ 3分钟 🍖 补钙

原料： 鸡脆骨200克，青椒30克，红椒15克，姜片、蒜末、葱段各少许

调料： 料酒4毫升，盐2克，生抽3毫升，豆瓣酱7克，鸡粉2克，水淀粉4毫升，食用油适量

做法

1 洗净的青椒、红椒均去籽，切小块。

2 沸水锅中加入少许的料酒、盐，放入鸡脆骨，汆去血水，捞出，沥干水分。

3 用油起锅，爆香姜片、蒜末，倒入鸡脆骨、料酒，加入生抽、豆瓣酱，炒匀。

4 倒入青椒、红椒，炒至变软，注入清水，加入盐、鸡粉、水淀粉、葱段，炒匀，关火后盛出炒好的菜肴即可。

扫一扫看视频

老干妈酱爆鸡软骨

⏱ 3分钟 🍖 开胃消食

原料： 鸡软骨200克，四季豆150克，老干妈辣酱30克，姜片、蒜头、葱段各少许

调料： 盐2克，鸡粉2克，生抽8毫升，生粉10克，料酒、水淀粉、食用油各适量

做法

1 洗净的四季豆切成小丁；沸水锅中倒入洗好的鸡软骨，汆去血水，淋入少许料酒去味后捞出，加入生粉和少许生抽，拌匀上浆。

2 热油锅中倒入鸡软骨、四季豆、蒜头，炸至七成熟，捞出。

3 锅底留油烧热，爆香姜片、葱段，倒入炸好的材料、料酒、生抽、盐、鸡粉，炒匀。

4 倒入水淀粉勾芡，放入老干妈辣酱，炒匀至食材入味，关火后盛出炒好的菜肴即可。

扫一扫看视频

🕐 3分钟

🥩 增强免疫力

西蓝花炒鸡脆骨

原料： 鸡脆骨200克，西蓝花350克，大葱25克，红椒15克

调料： 盐3克，料酒4毫升，生抽3毫升，老抽3毫升，蚝油5毫升，鸡粉2克，食用油、水淀粉各适量

烹饪小提示

鸡脆骨氽好后过一下凉水，口感会更脆；西蓝花的根部较硬，要去掉，以免影响菜肴的口感。

做法

1 洗净的西蓝花切小朵；洗好的大葱用斜刀切段；洗净的红椒去籽，切成小块。

2 沸水锅中加入少许的盐、料酒，放入鸡脆骨，拌匀，氽熟捞出，沥干水分。

3 沸水锅中加入食用油，拌匀，倒入西蓝花，煮约1分钟，捞出西蓝花，沥干水分。

4 用油起锅，倒入红椒、大葱，爆香，放入氽过水的鸡脆骨，炒匀。

5 淋入生抽、老抽、料酒，加入蚝油、盐、鸡粉，炒匀调味，用水淀粉勾芡。

6 取一个盘，摆放上焯好的西蓝花，再盛入锅中的材料即可。

栗子枸杞炒鸡翅

⏱ 5分钟　🍖 增强免疫力

扫一扫看视频

原料： 板栗120克，水发莲子100克，鸡翅200克，枸杞、姜片、葱段各少许

调料： 生抽7毫升，白糖6克，盐3克，鸡粉3克，料酒13毫升，水淀粉、食用油各适量

做法

1 洗净的鸡翅斩成小块，装入碗中，加入少许的生抽、白糖、盐、鸡粉、料酒拌匀。

2 热锅注油烧热，放入鸡翅，炸至微黄色，捞出。

3 锅底留油，爆香姜片、葱段，倒入鸡翅、料酒、板栗、莲子、生抽，炒匀。

4 加入盐、鸡粉、白糖、清水，焖至食材入味，放入枸杞、水淀粉，炒匀，盛出即可。

扫一扫看视频

香辣鸡翅

🕐 10分钟　🥘 增强免疫力

原料： 鸡翅270克，干辣椒15克，蒜末、葱花各少许
调料： 盐3克，生抽3毫升，白糖、料酒、辣椒油、辣椒面、食用油各适量

做法

1 洗净的鸡翅装入碗中，加入白糖和少许的盐、生抽、料酒，拌匀，腌渍片刻。

2 热油锅中放入鸡翅，用小火炸至其呈金黄色，捞出，沥干油。

3 锅底留油烧热，倒入蒜末、干辣椒，爆香，放入鸡翅、料酒、生抽、辣椒面。

4 淋入辣椒油，加入盐、葱花，炒匀，关火后盛出炒好的鸡翅，装入盘中即可。

扫一扫看视频

蜀香鸡

🕐 10分钟　　🍃 益智健脑

原料： 鸡翅根350克，鸡蛋1个，青椒15克，干辣椒5克，花椒3克，蒜末、葱花各少许

调料： 盐、鸡粉各2克，豆瓣酱8克，辣椒酱12克，料酒4毫升，生抽5毫升，生粉、食用油各适量

做法

1 将洗净的青椒切圈；洗好的鸡翅根斩成小块；鸡蛋打入碗中，调匀，制成蛋液。

2 把鸡块装入碗中，加入蛋液、盐、鸡粉、生粉，拌匀挂浆，腌渍至其入味。

3 热油锅中倒入鸡块，炸香后捞出鸡块。

4 锅底留油，烧热，爆香蒜末、干辣椒、花椒，倒入青椒圈、鸡块、料酒。

5 加入豆瓣酱、生抽、辣椒酱，炒匀，撒上葱花，炒匀，关火后盛出菜肴即可。

扫一扫看视频

麻辣鸡爪

🕐 2分30秒　　🍃 防癌抗癌

原料： 鸡爪200克，大葱70克，土豆120克，干辣椒、花椒、姜片、蒜末、葱段各少许

调料： 料酒16毫升，老抽2毫升，鸡粉2克，盐2克，辣椒油2毫升，芝麻油2毫升，豆瓣酱15克，生抽4毫升，水淀粉、食用油各适量

做法

1 洗净的大葱切段；洗净去皮的土豆切小块；洗好的鸡爪切去爪尖，斩成小块。

2 沸水锅中加入鸡爪和少许料酒，煮至沸，汆去血水，捞出鸡爪；用油起锅，放入姜片、蒜末、葱段、干辣椒、花椒、鸡爪、料酒。

3 倒入土豆、生抽、豆瓣酱、清水、老抽，加入鸡粉、盐、辣椒油、芝麻油，炒匀，倒入大葱，淋入水淀粉，炒匀，盛出即可。

扫一扫看视频

爽脆鸡胗

🕐 7分钟　　🍴 开胃消食

原料： 鸡胗120克，大葱50克，芹菜45克，红椒40克，香菜10克，蒜末少许

调料： 盐4克，鸡粉5克，料酒12毫升，生抽9毫升，生粉5克，辣椒油5毫升，花椒粉2克，水淀粉5毫升，食用油适量

做法

1 洗净的芹菜、香菜均切成段；洗净的红椒切成丝；大葱切成丝。

2 鸡胗切成片，装碗，加入少许的盐、鸡粉、生抽、料酒，放入生粉，腌渍片刻。

3 沸水锅中倒入鸡胗，汆至变色，捞出；用油起锅，爆香蒜末，淋入料酒，炒匀。

4 加入盐、鸡粉、生抽、芹菜、红椒、辣椒油、花椒粉，翻炒均匀。

烹饪小提示

烹饪此菜时，宜用大火快炒，这样炒出来的鸡胗口感更佳。

5 倒入水淀粉勾芡，放入大葱、香菜，翻炒均匀，关火后盛出炒好的食材即可。

酱爆鸡心

⏱ 4分钟　　☁ 保护视力

扫一扫看视频

原料： 鸡心100克，黄豆酱20克，白酒15毫升，姜片、葱段各少许
调料： 盐、鸡粉、白糖各1克，老抽3毫升，水淀粉5毫升，食用油适量

做法

1 沸水锅中倒入洗净的鸡心，汆去血水，捞出，沥干水分，装盘待用。

2 热锅注油，倒入姜片、葱段，爆香，放入黄豆酱，炒匀。

3 倒入汆好的鸡心，翻炒至熟透，放入白酒，翻炒均匀，注入清水。

4 加入老抽、盐、鸡粉、白糖、水淀粉，炒匀，关火后盛出炒好的鸡心即可。

彩椒黄瓜炒鸭肉

⏱ 7分钟　　☁ 增强免疫力

原料： 鸭肉180克，黄瓜90克，彩椒30克，姜片、葱段各少许
调料： 生抽5毫升，盐2克，鸡粉2克，水淀粉8毫升，料酒、食用油各适量

做法

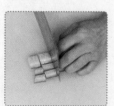

1 洗净的彩椒去籽，切成小块；洗好的黄瓜切成块；处理干净的鸭肉去皮，切丁。

2 将鸭肉装入碗中，淋入少许的生抽、料酒，加入水淀粉，拌匀，腌渍至其入味。

3 用油起锅，爆香姜片、葱段，倒入鸭肉、料酒、彩椒、黄瓜，翻炒均匀。

4 加入盐、鸡粉、生抽、水淀粉，翻炒至食材入味，关火后盛出炒好的菜肴即可。

扫一扫看视频

扫一扫看视频

胡萝卜豌豆炒鸭丁

🕐 7分钟　🍲 保护视力

原料： 鸭肉300克，豌豆120克，胡萝卜60克，圆椒、彩椒、姜片、葱段、蒜末各少许

调料： 盐3克，生抽4毫升，料酒、水淀粉、白糖、胡椒粉、鸡粉、食用油各适量

做法

1 洗净的胡萝卜、圆椒、彩椒、鸭肉均切成丁；鸭肉丁用生抽和少许的盐、料酒、水淀粉、食用油腌渍，至其入味。

2 沸水锅中倒入胡萝卜、豌豆、彩椒、圆椒，加入少许的盐、食用油，焯熟后捞出。

3 用油起锅，爆香姜片、葱段，放入鸭肉、蒜末，淋入料酒，倒入焯过水的食材，加入盐、白糖、鸡粉、胡椒粉、水淀粉，炒匀，盛出即可。

菠萝炒鸭丁

🕐 7分钟　🍲 养心润肺

原料： 鸭肉200克，菠萝肉180克，彩椒50克，姜片、蒜末、葱段各少许

调料： 盐4克，鸡粉2克，蚝油5毫升，料酒6毫升，生抽8毫升，水淀粉、食用油各适量

做法

1 将菠萝肉切成丁；洗净的彩椒切成小块；洗好的鸭肉切成小块。

2 鸭肉块用少许的生抽、料酒、盐、鸡粉、水淀粉、食用油，腌渍至入味。

3 沸水锅中加入少许食用油，放入菠萝丁、彩椒块，拌匀，煮熟后捞出食材。

4 用油起锅，爆香姜片、蒜末、葱段，倒入鸭肉块、料酒、焯好的食材，加入蚝油、生抽、盐、鸡粉、水淀粉，炒匀，关火后盛出食材即可。

蒜薹炒鸭片

⏱ 7分钟　☁ 增强免疫力

原料： 蒜薹120克，彩椒30克，鸭肉150克，姜片、葱段各少许

调料： 盐2克，鸡粉2克，白糖2克，生抽6毫升，料酒8毫升，水淀粉9毫升，食用油适量

做法

1 洗净的蒜薹切成长段；洗好的彩椒切成细条；处理干净的鸭肉去皮，切成片。

2 鸭肉用少许的生抽、料酒、水淀粉、食用油腌渍；沸水中加入少许食用油、盐，放入彩椒、蒜薹。

3 将煮至断生的食材捞出，沥干水分；用油起锅，爆香姜片、葱段，倒入鸭肉、料酒。

4 倒入焯好的食材，加入盐、白糖、鸡粉、生抽、水淀粉，炒匀，盛出菜肴即可。

扫一扫看视频

鸭肉炒菌菇

🕐 7分钟　☁ 增强免疫力

原料： 鸭肉170克，白玉菇100克，香菇60克，彩椒、圆椒各30克，姜片、蒜片各少许

调料： 盐3克，鸡粉2克，生抽2毫升，料酒4毫升，水淀粉5毫升，食用油适量

做法

1 洗净的香菇切片；洗好的白玉菇切去根部；洗净的彩椒、圆椒均切丝；洗净的鸭肉切条。

2 将鸭肉丝放入碗中，加入生抽和少许的盐、料酒、水淀粉、食用油，拌匀，腌渍片刻。

3 沸水锅中倒入香菇、白玉菇、彩椒、圆椒，加入少许食用油，煮至断生，捞出食材。

4 用油起锅，放入姜片、蒜片，爆香，倒入鸭肉、焯过水的食材，加盐、鸡粉、水淀粉、料酒，炒匀，关火后盛出炒好的菜肴即可。

扫一扫看视频

滑炒鸭丝

🕐 7分钟　☁ 清热解毒

原料： 鸭肉160克，彩椒60克，香菜梗、姜末、蒜末、葱段各少许

调料： 盐3克，鸡粉1克，生抽4毫升，料酒4毫升，水淀粉、食用油各适量

做法

1 将洗净的彩椒切成条；洗好的香菜梗切段；将洗净的鸭肉切成丝。

2 将鸭肉丝装入碗中，倒入少许的生抽、料酒、盐、鸡粉、水淀粉、食用油，腌渍至入味。

3 用油起锅，下入蒜末、姜末、葱段，爆香，放入鸭肉丝、料酒、生抽、彩椒，炒匀。

4 放入盐、鸡粉，炒匀，倒入水淀粉勾芡，放入香菜段，炒匀，将炒好的菜盛出即可。

扫一扫看视频

23分钟

养心润肺

酸豆角炒鸭肉

原料： 鸭肉500克，酸豆角180克，朝天椒40克，姜片、蒜末、葱段各少许

调料： 盐3克，鸡粉3克，白糖4克，料酒10毫升，生抽5毫升，水淀粉5毫升，豆瓣酱10克，食用油适量

烹饪小提示

鸭块在汆水时加入适量的料酒、姜片，能够有效地去除腥味，使菜肴味道更好。

做法

1 处理好的酸豆角切段；洗净的朝天椒切圈，待用。

2 锅中注入清水烧开，倒入酸豆角，煮半分钟，去除杂质，将酸豆角捞出，沥干水分。

3 把鸭肉倒入沸水锅中，搅拌均匀，汆去血水，将汆好的鸭肉捞出，沥干水分。

4 用油起锅，爆香葱段、姜片、蒜末、朝天椒，倒入鸭肉，快速翻炒匀。

5 淋入料酒，放入豆瓣酱、生抽、清水、酸豆角、盐、鸡粉、白糖，炒匀。

6 用小火焖至食材入味，倒入水淀粉，翻炒均匀，盛出炒好的菜肴，放入葱段即可。

永州血鸭

扫一扫看视频

🕐 7分钟　🍽 降低血压

原料： 鸭肉400克，青椒、红椒各50克，干辣椒15克，鸭血200毫升，姜末、蒜末、葱段各适量

调料： 盐3克，鸡粉3克，豆瓣酱20克，生抽5毫升，料酒10毫升，食用油适量

做法

1 洗净的红椒、青椒均切成丁；洗好的鸭肉斩成小块。

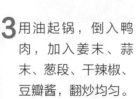

2 将鸭肉装入碗中，放入少许的盐、鸡粉、料酒，淋入生抽，拌匀，腌渍至其入味。

3 用油起锅，倒入鸭肉，加入姜末、蒜末、葱段、干辣椒、豆瓣酱，翻炒均匀。

4 放入盐、鸡粉、料酒、鸭血，加入青椒、红椒，炒匀，关火后盛出菜肴即可。

香芹炒腊鸭

🕐 4分钟　🫘 降低血压

原料： 腊鸭300克，香芹80克，青蒜50克，青椒30克，红椒30克，姜片少许
调料： 料酒、生抽各5毫升，鸡粉2克，食用油适量

做法

1 洗净的香芹切小段；洗好的青蒜切段；洗净的青椒、红椒均去籽，切成段。

2 锅中注入适量清水烧开，倒入腊鸭，氽片刻，捞出腊鸭，沥干水分。

3 用油起锅，倒入姜片，爆香，放入腊鸭、香芹、青椒、红椒，炒匀。

4 加入料酒、生抽，炒匀，放入青蒜，加入鸡粉，翻炒至熟。

烹饪小提示

腊鸭的盐含量较高，因此要先氽一下水，去除多余的盐分。

5 关火后盛出炒好的菜肴，装入盘中即可。

椒麻鸭下巴

⏱ 5分钟　　🍲 清热解毒

原料： 鸭下巴100克，辣椒粉15克，白芝麻17克，花椒粉、蒜末、葱花各少许

调料： 盐4克，鸡粉2克，料酒8毫升，生抽8毫升，生粉20克，辣椒油4毫升，食用油适量

做法

1 沸水锅中加入鸡粉、料酒、鸭下巴、少许盐搅匀，煮至其入味，捞出鸭下巴。

2 把鸭下巴放入碗中，倒入生抽，加入生粉，搅拌匀。

3 热锅注油烧热，倒入鸭下巴，炸至焦黄色，捞出；锅底留油，放入蒜末。

4 加入辣椒粉、花椒粉、鸭下巴、葱花、白芝麻、辣椒油、盐，炒匀，盛出即可。

椒盐鸭舌

⏱ 3分钟　　😋 开胃消食

原料： 鸭舌200克，青椒40克，红椒40克，蒜末、辣椒粉、花椒粉、葱花各少许

调料： 盐4克，鸡粉2克，生抽5毫升，生粉20克，料酒10毫升

做法

1 洗净的红椒、青椒均去籽，切成粒；沸水锅中放入鸭舌、料酒、少许盐，汆熟后捞出。

2 将鸭舌装入碗中，放入生抽、生粉，拌匀，入热油锅中炸至金黄色，捞出。

3 锅底留油，爆香蒜末、葱花、辣椒粉、花椒粉，倒入红椒、青椒，翻炒均匀。

4 加入盐、鸡粉，放入鸭舌，快速翻炒均匀，将炒好的鸭舌盛出，装入盘中即可。

扫一扫看视频

辣炒鸭舌

🕐 3分钟　🥘 增强免疫力

原料： 鸭舌180克，青椒45克，红椒45克，姜末、蒜末、葱段各少许

调料： 料酒18毫升，生抽10毫升，生粉10克，豆瓣酱10克，食用油适量

做法

1. 洗净的红椒、青椒均去籽，切小块；沸水锅中倒入鸭舌，汆去血水后捞出。

2. 将鸭舌装入碗中，放入生粉和少许生抽，搅拌均匀，放入热油锅中炸至金黄色，捞出。

3. 用油起锅，放入姜末、蒜末、葱段，爆香，倒入青椒、红椒，翻炒片刻。

4. 放入鸭舌，加入豆瓣酱、生抽、料酒，快速翻炒至其入味，将炒好的菜肴盛出即可。

扫一扫看视频

榨菜炒鸭胗

🕐 7分钟　🥘 开胃消食

原料： 榨菜200克，鸭胗150克，红椒10克，姜片、蒜末各少许

调料： 盐、鸡粉各2克，白糖3克，蚝油4毫升，食粉、料酒、水淀粉、食用油各适量

做法

1. 将洗净的鸭胗去除内膜，再切成片；洗好的榨菜切成薄片；洗净的红椒切圈。

2. 把鸭胗放在碗中，放入食粉，加入少许的盐、鸡粉、水淀粉、食用油，腌渍。

3. 沸水锅中倒入榨菜，焯后捞出。

4. 用油起锅，爆香姜片、蒜末，倒入鸭胗，翻炒至肉质松散，淋入料酒，倒入焯好的榨菜、红椒圈，加入盐、鸡粉、白糖、蚝油，炒匀，倒入水淀粉勾芡，关火后盛出炒好的菜肴即可。

扫一扫看视频

5分钟

增强免疫力

韭菜花酸豆角炒鸭胗

原料： 鸭胗150克，酸豆角110克，韭菜花105克，油炸花生70克，干辣椒20克

调料： 料酒10毫升，生抽5毫升，盐2克，鸡粉2克，辣椒油5毫升，食用油适量

烹饪小提示

切好的酸豆角可以用温水泡一下，以免影响口感；鸭胗汆水时加入少许料酒，能去除腥味。

做法

1 择洗好的韭菜花切小段；洗净的酸豆角切成小段。

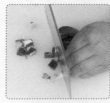

2 油炸花生用刀面拍碎；处理好的鸭胗切片，切条，再切粒。

3 锅中注入清水大火烧开，倒入鸭胗，淋入少许料酒，汆片刻，将鸭胗捞出，沥干水分。

4 热锅注油烧热，倒入干辣椒，翻炒爆香，倒入鸭胗、酸豆角，快速翻炒均匀。

5 淋入料酒、生抽，倒入花生碎、韭菜花，翻炒匀。

6 加入盐、鸡粉、辣椒油，炒匀调味，将炒好的菜盛出装入盘中即可。

菌菇炒鸭胗

🕐 7分钟　　🍐 降低血压

扫一扫看视频

原料： 白玉菇100克，香菇35克，鸭胗95克，彩椒30克，姜片、蒜末、葱段各少许

调料： 盐3克，鸡粉2克，料酒5毫升，生抽3毫升，水淀粉、食用油各适量

做法

1 洗净的白玉菇去蒂，切段；洗好的香菇去蒂，切片；洗净的彩椒去籽，切条。

2 鸭胗洗净切小块，用少许的盐、鸡粉、水淀粉腌渍；沸水锅中放入食用油、白玉菇。

3 倒入香菇、彩椒，煮熟后捞出；将鸭胗汆水后捞出；用油起锅，倒入姜片、蒜末。

4 加入葱段、鸭胗、料酒、生抽、白玉菇、香菇、彩椒、盐、鸡粉、水淀粉，炒匀即可。

洋葱炒鸭胗

⏱ 7分钟　🍲 开胃消食

原料： 鸭胗170克，洋葱80克，彩椒60克，姜片、蒜末、葱段各少许

调料： 盐3克，鸡粉3克，料酒5毫升，蚝油5毫升，生粉、水淀粉、食用油各适量

做法

1 洗净的彩椒、洋葱均切成小块；洗净的鸭胗切上花刀，再切成小块。

2 鸭胗中加入少许的料酒、盐、鸡粉，放入生粉，腌渍片刻，倒入沸水锅中，余水后捞出。

3 用油起锅，倒入姜片、蒜末、葱段，爆香，放入鸭胗、料酒、洋葱、彩椒。

4 加入盐、鸡粉、蚝油，炒匀，淋入清水，倒入水淀粉，炒匀，盛出即可。

蒜薹炒鸭胗

6分钟　开胃消食

原料： 蒜薹120克，鸭胗230克，红椒5克，姜片、葱段各少许

调料： 盐4克，鸡粉3克，生抽7毫升，料酒7毫升，食粉、水淀粉、食用油各适量

做法

1 洗净的蒜薹切长段；洗好的红椒去籽，切成细丝；洗净的鸭胗切成片。

2 鸭胗用食粉和少许的生抽、盐、鸡粉、水淀粉、料酒腌渍；沸水锅中加入少许食用油、盐，倒入蒜薹，煮熟后捞出。

3 将鸭胗汆水后捞出；用油起锅，倒入红椒丝、姜片、葱段。

4 放入鸭胗、生抽、料酒、蒜薹、盐、鸡粉、水淀粉，炒匀，盛出菜肴即可。

鸭胗炒上海青

2分钟　保护视力

原料： 卤鸭胗120克，上海青150克

调料： 盐、鸡粉各2克，水淀粉、料酒各少许，食用油适量

做法

1 洗净的上海青切开，再切成小瓣；将卤鸭胗切成小块。

2 锅中注入适量清水烧开，加入适量食用油，放入上海青，拌匀，加入少许盐，拌匀，煮至变软，捞出上海青，沥干水分，待用。

3 用油起锅，倒入鸭胗，炒匀，淋入少许料酒，炒香，倒入上海青，用大火快炒。

4 加入盐、鸡粉，淋入水淀粉，炒匀炒透，至食材入味，关火后盛出炒好的菜肴，装入盘中即可。

扫一扫看视频

彩椒炒鸭肠

⏱ 5分钟　🫁 降压降糖

原料： 鸭肠70克，彩椒90克，姜片、蒜末、葱段各少许

调料： 豆瓣酱5克，盐3克，鸡粉2克，生抽3毫升，料酒5毫升，水淀粉、食用油各适量

做法

1 将洗净的彩椒切成粗丝；洗好的鸭肠沥干水分，切成段。

2 把鸭肠放在碗中，加入少许的盐、鸡粉、料酒、水淀粉，搅匀，腌渍至食材入味。

3 沸水锅中倒入鸭肠，搅匀，煮约1分钟，捞出煮好的鸭肠，沥干水分。

4 用油起锅，爆香姜片、蒜末、葱段，倒入鸭肠、料酒、生抽、彩椒丝，炒熟。

烹饪小提示

清洗鸭肠时，倒入适量白醋搓洗，可以有效地去除表面的黏液。

5 注入清水，加入鸡粉、盐、豆瓣酱，炒匀，倒入水淀粉勾芡，盛出即可。

空心菜炒鸭肠

⏱ 3分钟　　🍲 清热解毒

扫一扫看视频

原料： 空心菜梗300克，鸭肠200克，彩椒片少许
调料： 盐2克，鸡粉2克，料酒8毫升，水淀粉4毫升，食用油适量

做法

1 洗好的空心菜切成小段；处理干净的鸭肠切成小段。

2 沸水锅中倒入鸭肠，略煮一会儿，去除杂质，捞出鸭肠，沥干水分。

3 热锅注油，倒入彩椒片，放入空心菜，注入清水，倒入鸭肠。

4 加入盐、鸡粉，淋入料酒、水淀粉，炒匀，关火后将炒好的菜肴盛出即可。

扫一扫看视频

五彩鸽丝

🕐 6分钟　　🫁 保肝护肾

原料： 鸽子肉700克，青椒20克，红椒10克，芹菜60克，去皮胡萝卜45克，去皮莴笋30克，冬笋40克，姜片少许

调料： 盐2克，鸡粉1克，料酒10毫升，水淀粉少许，食用油适量

做法

1 洗好的鸽子去骨，取鸽子肉，切条；洗净的青椒、红椒、冬笋、胡萝卜均切成条。

2 莴笋洗净切丝；芹菜洗净切段；鸽子肉用少许的盐、料酒、水淀粉腌渍。

3 将冬笋条、胡萝卜焯熟后捞出；用油起锅，倒入鸽子肉、姜片、料酒，炒匀。

4 放入红、青椒条、莴笋、芹菜、胡萝卜、冬笋、料酒、盐、鸡粉、水淀粉炒匀即可。

扫一扫看视频

萝卜干肉末炒鸡蛋

🕐 3分钟　　🍳 养心润肺

原料： 萝卜干120克，鸡蛋2个，肉末30克，干辣椒5克，葱花少许

调料： 盐、鸡粉各2克，生抽3毫升，水淀粉、食用油各适量

做法

1 将鸡蛋打入碗中，加入少许的盐、鸡粉，放入水淀粉，快速搅散，制成蛋液。

2 洗净的萝卜干切成丁；沸水锅中倒入萝卜丁，焯至其变软后捞出。

3 用油起锅，倒入蛋液，用中火翻炒一会儿，盛出。

4 锅底留油烧热，放入肉末、生抽、干辣椒、萝卜丁、鸡蛋，炒匀。

5 加入盐、鸡粉，炒匀，关火后盛出炒好的菜肴，点缀上葱花即成。

扫一扫看视频

西瓜翠衣炒鸡蛋

🕐 4分钟　　🍳 降低血压

原料： 西瓜皮200克，芹菜70克，西红柿120克，鸡蛋2个，蒜末、葱段各少许

调料： 盐3克，鸡粉3克，食用油适量

做法

1 洗净的芹菜切成段；去除硬皮的西瓜皮切成条；洗净的西红柿切成瓣。

2 鸡蛋打入碗中，放入少许的盐、鸡粉，打散、调匀。

3 用油起锅，倒入蛋液，炒熟后盛出。

4 锅中注入食用油烧热，倒入蒜末、爆香，倒入芹菜、西红柿、西瓜皮、炒熟的鸡蛋，略炒片刻。

5 放入盐、鸡粉，炒匀调味，关火后盛出炒好的食材，装入盘中，撒上葱段即可。

扫一扫看视频

⏱ 3分钟

☁ 增强免疫力

菠菜炒鸡蛋

原料： 菠菜65克，鸡蛋2个，彩椒10克
调料： 盐2克，鸡粉2克，食用油适量

烹饪小提示

菠菜可先焯一下再炒，口感会更好；在蛋液中放入葱花，这样炒出来的鸡蛋会更香。

做法

1 洗净的彩椒去籽，切成丁；洗好的菠菜切成粒。

2 鸡蛋打入碗中，加入盐、鸡粉，搅匀打散，制成蛋液。

3 用油起锅，倒入蛋液，翻炒均匀。

4 加入彩椒，翻炒匀。

5 倒入菠菜粒，炒至食材熟软。

6 关火后盛出炒好的菜肴，装入盘中即可。

洋葱腊肠炒蛋

⏱ 2分钟　☁ 开胃消食

扫一扫看视频

原料： 洋葱55克，腊肠85克，蛋液120克
调料： 盐2克，水淀粉、食用油各适量

做法

 **1** 将洗净的腊肠切成小段；洗好的洋葱切小块。

 **2** 把蛋液装入碗中，加入盐，搅散，倒入水淀粉，拌匀，调成蛋液。

 **3** 用油起锅，倒入腊肠，炒出香味，放入洋葱块，用大火快炒至变软。

 **4** 倒入调好的蛋液，铺开，呈饼状，再炒散，至食材熟透，关火后盛出菜肴即可。

海鲜鸡蛋炒秋葵

⏱ 7分钟　　🫘 保肝护肾

原料： 秋葵150克，鸡蛋3个，虾仁100克

调料： 盐、鸡粉各3克，料酒、水淀粉、食用油各适量

做法

1 洗净的秋葵切去柄部，斜刀切小段；处理好的虾仁切成丁。

2 碗中打入鸡蛋，加入鸡粉和少许盐，拌匀；虾仁用盐、料酒、水淀粉腌渍。

3 用油起锅，倒入虾仁，炒至转色，放入秋葵，翻炒至熟，盛出秋葵和虾仁。

4 用油起锅，倒入鸡蛋液，放入秋葵和虾仁，翻炒至食材熟透，盛出菜肴即可。

扫一扫看视频

火腿炒鸡蛋

🕐 4分钟　☁ 增强免疫力

原料： 鸡蛋80克，火腿肠75克，黄油8克，西蓝花20克

调料： 盐1克

做法

1 火腿肠去包装，切成丁；洗净的西蓝花切成小块。

2 取一碗，放入鸡蛋，加入盐，打散成蛋液。

3 锅置火上，放入黄油，烧至熔化，倒入蛋液，炒匀。

4 放入切好的西蓝花，炒约2分钟至熟。

5 倒入火腿丁，翻炒1分钟至香气飘出。

6 关火后盛出炒好的菜肴，装盘即可。

扫一扫看视频

茭白木耳炒鸭蛋

🕐 3分钟　☁ 美容养颜

原料： 茭白300克，鸭蛋2个，水发木耳40克，葱段少许

调料： 盐4克，鸡粉3克，水淀粉10毫升，食用油适量

做法

1 将洗好的木耳切小块；洗净的茭白切成片。

2 将鸭蛋打入碗中，放入少许的盐、鸡粉、水淀粉，打散，调匀；沸水锅中放入少许的盐、鸡粉，倒入茭白、木耳，拌匀，煮至七成熟，捞出。

3 用油起锅，倒入蛋液，翻炒至七成熟，盛出。

4 另起锅，注油烧热，放入葱段，爆香，倒入茭白、木耳、鸭蛋，翻炒匀。

5 加入盐、鸡粉、水淀粉，翻炒均匀，关火后盛出炒好的食材即可。

扫一扫看视频

韭菜炒鹌鹑蛋

⏱ 4分钟 ☁ 开胃消食

原料： 韭菜 100克，熟鹌鹑蛋135克，彩椒30克
调料： 盐、鸡粉各2克，食用油适量

做法

1 洗好的彩椒切成细丝；洗净的韭菜切成长段。

2 锅中注入清水烧开，放入鹌鹑蛋，拌匀，略煮一会儿，捞出，沥干水分。

3 用油起锅，倒入彩椒，倒入韭菜梗，放入鹌鹑蛋，炒匀。

4 倒入韭菜叶，炒至变软，加入盐、鸡粉，炒至入味，关火后盛出炒好的菜肴即可。

　　钟爱水产美味却又怕麻烦的你是否还在徘徊犹豫？当水产邂逅小炒，你会发现，其实，做一道水产美味也可以很简单。翻开本部分内容，你将很快学会做最美味的水产小炒，以满足自己或者家人的"刁钻"口味。

扫一扫看视频

大头菜草鱼

⏱ 6分钟　☁ 美容养颜

原料： 草鱼肉260克，大头菜100克，姜丝、葱花各少许
调料： 盐2克，生抽3毫升，料酒4毫升，水淀粉、食用油各适量

做法

1 大头菜洗净切片，再用斜刀切菱形块；草鱼肉洗净切长方块。

3 放入鱼块，小火煎香，煎至两面断生，放入大头菜，炒匀，淋入料酒。

烹饪小提示

锅中也可以注入温开水，这样能缩短烹饪的时间。

2 煎锅置火上，淋入食用油烧热，撒上姜丝，爆香。

4 注水，加入盐、生抽，中火煮约3分钟至熟透，倒入水淀粉。

5 炒至汤汁收浓，盛出炒好的菜肴，装入盘中，撒上葱花即可。

青椒兜鱼柳

⏱ 20分钟　　🥗 增强免疫力

扫一扫看视频

原料： 鱼柳150克，青椒70克，红椒5克
调料： 盐2克，鸡粉3克，水淀粉、胡椒粉、料酒、食用油各适量

做法

1 洗净的青椒横刀切开，去籽，切小块；洗好的红椒切小块；洗净的鱼柳切块。

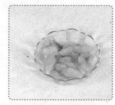

2 将切好的鱼柳放入碗中，淋入料酒，加入鸡粉和少许水淀粉，拌匀，腌渍15分钟。

3 用油起锅，炒香青椒、红椒，倒入鱼柳，翻炒3分钟至熟。

4 加入盐、胡椒粉、水淀粉，翻炒约1分钟至入味，盛出装入盘中即可。

扫一扫看视频

辣子鱼块 ⏱ 13分钟 🍽 美容养颜

原料： 草鱼尾200克，青椒40克，胡萝卜90克，鲜香菇40克，泡小米椒25克，姜片、蒜末、葱段各少许

调料： 盐、鸡粉各2克，陈醋10毫升，白糖4克，生抽5毫升，水淀粉8毫升，豆瓣酱15克，生粉、食用油各适量

做法

1 泡小米椒切碎；胡萝卜洗净切片；青椒洗净去籽，切块；香菇洗净去蒂，切小块。

2 草鱼尾洗净切小块，用生粉和少许的生抽、鸡粉、盐、生粉腌渍，再放入油锅，炸熟后捞出。

3 锅底留油，放入姜片、蒜末、泡小米椒、胡萝卜、鲜香菇、豆瓣酱，炒香。

4 放入鱼块、水、生抽、陈醋、盐、白糖、鸡粉、青椒块、水淀粉炒匀，放上葱段即可。

扫一扫看视频

山楂鱼块

🕐 7分钟　💪 增强免疫力

原料： 山楂90克，鱼肉200克，陈皮4克，玉竹30克，姜片、蒜末、葱段各少许

调料： 盐、鸡粉、白糖各3克，生抽7毫升，生粉、老抽、水淀粉、食用油各适量

做法

1. 玉竹洗净切小块；陈皮洗净，切小块；洗好的山楂去核，切成小块。

2. 洗净的鱼肉切小块，装碗放入少许盐、生抽、鸡粉，加入生粉，拌匀，腌渍片刻。

3. 热锅注油烧热，放入鱼块炸至金黄色，捞出；锅底留油，爆香姜片、蒜末、葱段。

4. 加入陈皮、玉竹、山楂炒匀，加入清水、生抽、盐、鸡粉、白糖、老抽、水淀粉、鱼块，炒匀，盛出即可。

扫一扫看视频

木耳炒鱼片

🕐 7分钟　💪 养心润肺

原料： 草鱼肉120克，水发木耳50克，彩椒40克，姜片、葱段、蒜末各少许

调料： 盐3克，鸡粉2克，生抽3毫升，料酒5毫升，水淀粉、食用油各适量

做法

1. 木耳、彩椒均洗净切小块；草鱼肉洗净切片，装碗，加少许鸡粉、盐、水淀粉、食用油腌渍。

2. 热锅注油，放入滤勺，倒入鱼肉炸至断生，捞出；锅底留油，爆香姜片、蒜末、葱段。

3. 倒入彩椒、木耳，炒匀，倒入草鱼片，淋入料酒，加入鸡粉、盐，倒入生抽。

4. 淋入水淀粉，翻炒至熟透，盛出炒好的菜肴，放在盘中即成。

茄汁生鱼片

⏱ 19分钟　🍲 开胃消食

原料： 生鱼700克，香菜、蛋清各少许

调料： 盐1克，白糖2克，醋1毫升，番茄酱适量，生粉、水淀粉各少许，食用油适量

做法

1 洗净的生鱼横刀切开，去掉鱼骨，将鱼肉斜刀切片；洗好的香菜切成小段。

2 鱼片中加入盐、蛋清，拌匀，腌渍15分钟至入味；腌好的鱼片中加入生粉，拌匀。

3 锅置火上烧热，放入裹有生粉的鱼片，炸约2分钟至成金黄色，捞出。

4 锅留油，加入醋、白糖、番茄酱、水淀粉、鱼片，炒至入味，盛出撒上香菜即可。

扫一扫看视频

菜心炒鱼片

🕐 2分钟　🍖 清热解毒

原料： 菜心200克，生鱼肉150克，彩椒40克，红椒20克，姜片、葱段各少许

调料： 盐3克，鸡粉2克，料酒5毫升，水淀粉、食用油各适量

做法

1 菜心洗净切去根部和叶子；红椒、彩椒均洗净切小块；生鱼肉洗净切成片，装碗。

2 鱼片加1克盐，用适量鸡粉、水淀粉、食用油腌渍；沸水锅中加1克盐、食用油，倒入菜心，煮至断生后捞出。

3 热锅注油烧热，倒入生鱼片滑油至变色后捞出；锅留油，爆香姜片、葱段、红椒、彩椒。

4 放入生鱼片、料酒、鸡粉、1克盐、水淀粉炒入味，盛出放在盛有菜心的盘中即可。

扫一扫看视频

糟熘鱼片

🕐 13分钟　🍖 增强免疫力

原料： 草鱼肉300克，水发木耳100克，卤汁20毫升，姜片少许

调料： 盐2克，鸡粉2克，胡椒粉2克，水淀粉少许，食用油适量

做法

1 洗净的草鱼肉切成双飞片；鱼片装碗，加少许盐、鸡粉、水淀粉拌匀，腌渍10分钟至入味。

2 锅中注水烧开，倒入鱼片，略煮一会儿，捞出鱼肉，沥干水分，待用。

3 热锅注油，爆香姜片，倒入卤汁，注水，放入木耳，搅拌匀。

4 调入鸡粉、盐、胡椒粉，倒入鱼片，略煮至熟透、入味，盛入盘中即可。

扫一扫看视频

7分钟

益智健脑

番茄酱烧鱼块

原料： 鳙鱼肉300克，番茄酱30克，生粉50克，葱段、姜片各少许

调料： 盐3克，白糖3克，白醋4毫升，料酒3毫升，水淀粉5毫升，食用油适量

烹饪小提示

炸制鳙鱼块时，要控制好时间和火候，至鳙鱼块呈金黄色即可，不宜将其炸得过焦。

做法

1 将鳙鱼肉切开，改切成小块。

2 把鱼块装入碗中，放1克盐、料酒，拌匀，加入生粉，拌匀，腌渍片刻。

3 热锅注油烧至五六成热，放入鱼块，炸至鱼块呈金黄色，捞出，待用。

4 用油起锅，放入姜片，加入番茄酱，翻炒均匀。

5 倒入适量清水，加入白糖、白醋、盐，煮至白糖溶化，放入水淀粉勾芡，制成稠汁。

6 放入葱段，倒入鱼块，翻炒均匀，将番茄鱼块盛出即可。

芝麻带鱼

⏱ 18分钟　☁ 降压降糖

原料： 带鱼140克，熟芝麻20克，姜片、葱花各少许
调料： 盐3克，鸡粉3克，生粉7克，生抽4毫升，水淀粉、辣椒油、老抽、料酒、食用油各适量

做法

1 用剪刀把处理干净的带鱼鳍剪去，再切成小块。

2 带鱼块装碗，放入少许盐、鸡粉、生抽，放入姜片、料酒、生粉，拌匀，腌渍15分钟。

3 热锅注油，放入带鱼炸至呈金黄色，捞出；锅留油，加水、辣椒油、盐、鸡粉、生抽，拌匀煮沸。

4 倒入水淀粉、老抽，炒匀，放入带鱼块，炒匀，撒入葱花，炒香，盛出撒上熟芝麻即可。

四宝鳕鱼丁

⏱ 7分钟　🫁 保肝护肾

原料： 鳕鱼肉200克，胡萝卜150克，豌豆100克，玉米粒90克，鲜香菇50克，姜片、蒜末、葱段各少许

调料： 盐3克，鸡粉2克，料酒5毫升，水淀粉、食用油各适量

做法

1 胡萝卜去皮切丁；香菇、鳕鱼肉均切丁。鳕鱼丁用少许盐、鸡粉、水淀粉、油腌渍。

2 热锅注水，加入少许盐、鸡粉、食用油、豌豆、胡萝卜、香菇丁、玉米粒，煮熟捞出。

3 热锅注油，倒入鳕鱼丁，搅拌片刻至其变色，捞出。起油锅，爆香姜片、蒜末、葱段。

4 倒入焯过水的食材、鳕鱼丁，加入盐、鸡粉、料酒，炒至熟透，倒入水淀粉，炒匀，盛出即成。

扫一扫看视频

五彩鲟鱼丝

🕐 7分钟　　🫕 健脾止泻

原料： 鲟鱼肉350克，胡萝卜45克，香菇55克，绿豆芽75克，彩椒、姜丝、葱段各适量

调料： 盐2克，鸡粉2克，料酒4毫升，水淀粉、食用油各适量

> **做法**

1 洗净去皮的胡萝卜切细丝；香菇、彩椒均洗净切粗丝；绿豆芽洗净切去头尾。

2 鲟鱼肉洗净去皮，切细丝；鲟鱼肉装碗，加少许盐、料酒、水淀粉腌渍。

3 锅注水烧开，加入少许食用油，放入香菇、胡萝卜、彩椒，焯水捞出。鱼肉入油锅过油，捞出。

4 锅留油，爆香姜丝，放入焯过水的食材、葱段、绿豆芽、鱼肉丝、盐、鸡粉、料酒、水淀粉，炒匀，盛出即可。

扫一扫看视频

椒盐沙丁鱼

🕐 2分钟　　🫕 开胃消食

原料： 沙丁鱼400克，青椒15克，红椒10克，姜末、蒜末、洋葱粒各少许

调料： 椒盐4克，胡椒粉2克，生粉、食用油各适量

> **做法**

1 将洗净的青椒、红椒均切成粒；洗净的沙丁鱼切去头尾，去除内脏。

2 热锅注油烧热，将沙丁鱼裹上生粉，放入油锅中，用中小火炸至金黄色，捞出。

3 锅置火上，放入姜末、蒜末、洋葱粒，炒匀，倒入青椒、红椒，炒匀。

4 放入炸好的沙丁鱼，炒香，撒上椒盐、胡椒粉，炒匀，盛出即可。

椒盐银鱼

⏱ 7分钟　🤚 防癌抗癌

原料： 银鱼干120克，朝天椒15克，蒜末、葱花各少许

调料： 盐1克，胡椒粉1克，鸡粉、吉士粉、生粉、料酒、辣椒油、五香粉、食用油各适量

做法

1 将银鱼干装入碗中，注入少许清水，浸泡至其变软，捞出沥水，装碗。

2 鱼碗中加入吉士粉，拌匀，撒上生粉，拌匀。洗净的朝天椒切成圈。

3 热锅注油，烧至三四成热，放入银鱼干，炸至金黄色，捞出，备用。

4 用油起锅，爆香蒜末，放入朝天椒圈，炒匀，放入银鱼干，加入料酒、胡椒粉。

烹饪小提示

炸银鱼干时，要把握好时间和火候，以免炸煳。

5 放入盐、鸡粉、五香粉、葱花，炒香，淋入辣椒油，炒匀，盛出即可。

干烧鳝段

⏱ 5分钟　🍖 瘦身排毒

原料： 鳝鱼120克，水芹菜20克，蒜薹50克，泡小米椒20克，姜片、葱段、蒜末、花椒各少许

调料： 生抽5毫升，料酒5毫升，水淀粉、豆瓣酱、食用油各适量

做法

1 洗净的蒜薹切长段；洗好的水芹菜切成段；宰杀洗净的鳝鱼切花刀，再切成段。

2 锅中注水烧开，倒入鳝鱼段，煮至变色，捞出，备用。

3 用油起锅，爆香姜片、葱段、蒜末、花椒，放入鳝鱼段、泡小米椒，炒匀。

4 加入生抽、料酒、豆瓣酱、水芹菜、蒜薹、水淀粉，炒熟入味，盛出即可。

响油鳝丝

🕐 7分钟　　养颜美容

原料： 鳝鱼肉300克，红椒丝、姜丝、葱花各少许

调料： 盐3克，白糖2克，胡椒粉、鸡粉各少许，蚝油8毫升，生抽7毫升，料酒10毫升，陈醋15毫升，生粉、食用油各适量

做法

1 处理干净的鳝鱼肉切成细丝，装碗加少许盐、鸡粉、料酒，加入生粉拌匀，腌渍片刻。

2 锅中注水烧开，倒入鳝鱼丝汆水捞出。热锅注油，倒入鳝鱼丝滑至五六成熟，捞出。

3 锅留底油，撒上姜丝，爆香，倒入鳝鱼丝，放入料酒、生抽、蚝油、盐、白糖，炒匀调味。

4 淋上陈醋，炒熟入味，盛出装盘，点缀上葱花和红椒丝，撒上胡椒粉，再用热油收尾即成。

扫一扫看视频

绿豆芽炒鳝丝

🕐 *12分钟* 🥘 *降压降糖*

原料： 绿豆芽40克，鳝鱼90克，青椒、红椒各30克，姜片、蒜末、葱段各少许

调料： 盐3克，鸡粉3克，料酒6毫升，水淀粉、食用油各适量

做法

1. 洗净的红椒、青椒均切开去籽，改切丝；处理干净的鳝鱼切丝，装入碗中。
2. 鱼碗中加入少许鸡粉、盐、料酒、水淀粉、食用油，腌渍10分钟至入味。
3. 用油起锅，爆香姜片、蒜末、葱段，放入青椒、红椒，拌炒匀，倒入鳝鱼丝，翻炒匀。
4. 淋入料酒，炒香，放入洗好的绿豆芽，调入盐、鸡粉，倒入水淀粉，炒匀，盛出即可。

扫一扫看视频

茶树菇炒鳝丝

🕐 *6分钟* 🥘 *益智健脑*

原料： 鳝鱼200克，青椒、红椒各10克，茶树菇适量，姜片、葱花各少许

调料： 盐2克，鸡粉2克，生抽、料酒各5毫升，水淀粉、食用油各适量

做法

1. 洗净的红椒、青椒均切开，去籽，再切条；处理好的鳝鱼肉切上花刀，切成条。
2. 用油起锅，放入备好的鳝鱼、姜片、葱花，炒匀，淋入料酒，倒入青椒、红椒。
3. 放入洗净切好的茶树菇，炒约2分钟，放入盐、生抽、鸡粉，炒匀调味。
4. 倒入适量水淀粉勾芡，关火后盛出炒好的菜肴，装入盘中即可。

扫一扫看视频

🕐 5分钟

益气补血

小鱼花生

原料： 小鱼干150克，花生200克，红椒50克，葱花、蒜末各少许

调料： 盐、鸡粉各2克，椒盐粉3克，食用油适量

烹饪小提示

花生米的红衣营养价值很高，所以不要去掉；小鱼干用油炸至酥脆即可，不宜炸得过老。

做法

1 洗净的红椒切条，改切成丁。

2 锅中注水烧开，倒入小鱼干，氽片刻，关火后捞出氽好的小鱼干，沥水装盘。

3 热锅注油，倒入花生米，油炸约1分钟至微黄色，捞出炸好的花生米，沥油装盘。

4 往锅中倒入小鱼干，油炸约1分钟至酥软，捞出炸好的小鱼干，沥油装盘。

5 用油起锅，倒入蒜末、红椒丁、小鱼干，炒匀，加入盐、鸡粉、椒盐粉，炒匀。

6 加入葱花、花生米，翻炒约2分钟至熟，盛出炒好的菜肴，装入盘中即可。

黑蒜烧墨鱼

⏱ 5分钟　☁ 增强免疫力

扫一扫看视频

原料： 黑蒜70克，墨鱼150克，彩椒65克，蒜末、姜片各少许
调料： 盐、白糖各2克，鸡粉3克，料酒5毫升，水淀粉、芝麻油、食用油各适量

做法

1 洗净的彩椒切块；洗好的墨鱼先划十字花刀，再切成块。

2 锅中注水烧开，倒入墨鱼块，汆片刻，关火后捞出汆好的墨鱼块，沥水装盘。

3 用油起锅，爆香姜片、蒜末，放入彩椒块、墨鱼块、料酒、黑蒜，炒匀。

4 注入适量清水，加入盐、白糖、鸡粉、水淀粉、芝麻油，炒熟入味，盛出即可。

沙茶墨鱼片

⏱ 2分钟　🍽 益气补血

原料： 墨鱼150克，彩椒60克，姜片、蒜末、葱段各少许
调料： 盐3克，鸡粉3克，料酒9毫升，水淀粉8毫升，沙茶酱15克，食用油适量

做法

1 彩椒洗净切小块；处理好的墨鱼切片，装碗，加入少许鸡粉、盐、料酒、水淀粉，拌匀。

2 锅中注水烧开，放入墨鱼片，汆半分钟，至其变色，捞出。

3 用油起锅，爆香姜片、蒜末、葱段，倒入彩椒、墨鱼片，淋入料酒，炒匀。

4 倒入沙茶酱，加入盐、鸡粉，炒匀，炒至入味，倒入水淀粉炒匀，盛出即可。

扫一扫看视频

糖醋鱿鱼

🕐 2分钟　🍚 增强免疫力

原料： 鱿鱼130克，红椒20克，蒜末、葱花各少许

调料： 番茄汁40克，白糖3克，盐2克，白醋10毫升，料酒4毫升，水淀粉、食用油各适量

做法

1 处理干净的鱿鱼切开，在内侧打上网格花刀，切成块；洗净的红椒切开去籽，改切小块。

2 碗中放入番茄汁、白糖、盐、白醋，抓匀，制成味汁；鱿鱼入沸水锅汆至卷起，捞出。

3 用油起锅，爆香蒜末、红椒，倒入鱿鱼卷，炒匀，淋入料酒，炒香。

4 放入调好的味汁，炒匀调味，倒入适量水淀粉，炒匀，盛出装盘，撒上葱花即成。

扫一扫看视频

苦瓜爆鱿鱼

🕐 5分钟　🍚 降压降糖

原料： 苦瓜200克，鱿鱼肉120克，红椒35克，姜片、蒜末、葱段各少许

调料： 盐3克，鸡粉2克，食粉4克，生抽4毫升，料酒5毫升，水淀粉、食用油各适量

做法

1 苦瓜洗净去籽，切片；红椒洗净切小块；鱿鱼洗净切花刀，改切小块，装碗加少许盐、鸡粉、料酒腌渍。

2 锅中注水烧开，放入食粉，倒入苦瓜片，煮至断生后捞出；再倒入鱿鱼，煮至卷起后捞出。

3 用油起锅，爆香红椒块，放入姜片、蒜末、葱段、鱿鱼，翻炒片刻，淋入料酒，炒透。

4 倒入苦瓜，炒匀，调入盐、鸡粉、生抽，倒入适量水淀粉，炒熟入味，盛出即成。

扫一扫看视频

蚝油酱爆鱿鱼

⏱ 4分钟　☁ 增强免疫力

原料： 鱿鱼300克，西蓝花150克，甜椒20克，圆椒10克，葱段5克，姜末10克，蒜末10克，西红柿30克，干辣椒5克

调料： 盐2克，白糖3克，蚝油5毫升，水淀粉4毫升，黑胡椒、芝麻油、食用油各适量

做法

1 在处理干净的鱿鱼上切上网格花刀，再切成小块。

2 锅中注水烧开，倒入鱿鱼，汆至成鱿鱼卷，捞出，沥干水分待用。

3 热锅注油烧热，倒入干辣椒、姜末、蒜末、葱段，爆香。

4 倒入甜椒、圆椒、西蓝花，注入适量清水，搅拌匀，煮一会儿，倒入鱿鱼。

烹饪小提示

处理鱿鱼的时候一定要将里面翻出清洗，以免影响口感。

5 加入盐、白糖、蚝油、西红柿、水淀粉、黑胡椒、芝麻油，炒匀，盛出即可。

鲜鱿鱼炒金针菇

⏱ 2分钟　☁ 补锌

扫一扫看视频

原料： 鱿鱼300克，彩椒50克，金针菇90克，姜片、蒜末、葱白各少许
调料： 盐3克，鸡粉3克，料酒7毫升，水淀粉6毫升，食用油适量

做法

1 金针菇洗净去根；处理干净的鱿鱼内侧切上麦穗花刀，改切片；彩椒洗净切丝。

2 鱿鱼装碗，放入少许盐、鸡粉、料酒、水淀粉腌渍。鱿鱼入沸水锅中汆熟后捞出。

3 用油起锅，爆香姜片、蒜末、葱白，倒入鱿鱼，炒片刻，淋入料酒，炒香。

4 放入金针菇、彩椒，炒至熟软，调入盐、鸡粉，倒入水淀粉，炒均匀，盛出即可。

剁椒鱿鱼丝

🕐 5分钟　　🍖 益气补血

原料： 鱿鱼300克，蒜薹90克，红椒35克，剁椒40克

调料： 盐2克，鸡粉3克，料酒13毫升，生抽4毫升，水淀粉5毫升，食用油适量

做法

1 洗好的蒜薹切成段；洗净的红椒切开，去籽，再切成条；处理干净的鱿鱼切成丝。

2 鱿鱼丝装碗，放入少许盐、鸡粉、料酒，拌匀。鱿鱼丝入沸水锅中煮至变色，捞出。

3 用油起锅，放入鱿鱼丝，翻炒片刻，淋入料酒，炒匀，放入红椒、蒜薹、剁椒，炒匀。

4 淋入生抽，加入盐、鸡粉，炒匀调味，倒入水淀粉，快速翻炒片刻，盛出即可。

扫一扫看视频

干煸鱿鱼丝

⏱ 13分钟　🫘 益气补血

原料： 鱿鱼200克，猪肉300克，青椒30克，红椒30克，蒜末、干辣椒、葱花各少许
调料： 盐、鸡粉各3克，料酒8毫升，生抽、辣椒油各5毫升，豆瓣酱10克，食用油适量

做法

1 猪肉入沸水锅中煮10分钟，去除油脂，捞出；青椒、红椒均洗净切圈；猪肉、鱿鱼均切条。

2 鱿鱼装碗加少许盐、鸡粉，淋入料酒，腌渍10分钟。鱿鱼入沸水锅中煮至变色，捞出，沥干水分。

3 用油起锅，放入猪肉条、生抽、干辣椒、蒜末、豆瓣酱、红椒、青椒，炒匀。

4 放入鱿鱼，调入盐、鸡粉，淋入辣椒油，倒入葱花，炒匀，盛出即可。

酱香鱿鱼须

⏱ 34分钟　🫘 保肝护肾

原料： 鱿鱼700克，葱段、姜丝各少许，甜面酱15克
调料： 盐1克，白糖、孜然粉各2克，生抽5毫升，料酒8毫升，食用油适量

做法

1 洗净的鱿鱼切段。

2 沸水锅中倒入切好的鱿鱼，氽一会儿至去除腥味，捞出沥干水分，装碗待用。

3 往氽好的鱿鱼中放入姜丝、葱段、甜面酱、料酒、盐、白糖、孜然粉，腌渍30分钟。

4 另起锅烧热，倒入鱿鱼，炒至水分蒸发，注入食用油、生抽炒至入味，盛出即可。

扫一扫看视频

鱿鱼须炒四季豆

⏱ 3分钟　　🫘 增强免疫力

原料： 鱿鱼须200克，四季豆300克，彩椒适量，姜片、葱段各少许
调料： 盐3克，白糖2克，料酒6毫升，鸡粉2克，水淀粉3毫升，食用油适量

做法

1 四季豆洗净切小段；彩椒洗净去籽，切粗条；处理好的鱿鱼须切段。

2 锅中注水加盐，倒入四季豆煮至断生，捞出；再倒入鱿鱼须，汆去杂质，捞出。

3 热锅注油，爆香姜片、葱段，放入鱿鱼须，炒匀，淋入料酒，倒入彩椒、四季豆。

4 加入盐、白糖、鸡粉、水淀粉，翻炒入味，盛出，装入盘中即可。

扫一扫看视频

桂圆炒海参

🕐 3分钟　🍲 增强免疫力

原料： 莴笋200克，水发海参200克，桂圆肉50克，姜片、葱段各少许

调料： 盐4克，鸡粉4克，料酒10毫升，生抽5毫升，水淀粉5毫升，食用油适量

做法

1 洗净去皮的莴笋对半切开，再切段，改切成薄片。

2 锅中注水烧开，加入少许盐、鸡粉，放入海参、料酒，煮约1分钟，倒入莴笋、少许食用油，煮约1分钟，捞出。

3 用油起锅，爆香姜片、葱段，倒入莴笋、海参，炒匀，加入盐、鸡粉、生抽，炒匀调味。

4 倒入水淀粉勾芡，放入洗好的桂圆肉，拌炒均匀，盛出炒好的菜肴，装入盘中即可。

扫一扫看视频

海参炒时蔬

🕐 3分钟　🍲 增强免疫力

原料： 西芹20克，胡萝卜150克，水发海参100克，百合80克，姜片、葱段各少许

调料： 盐3克，鸡粉2克，水淀粉、料酒、蚝油、芝麻油、高汤、食用油各适量

做法

1 洗净的西芹切小段；洗好去皮的胡萝卜切小块。

2 锅中注水烧开，倒入胡萝卜、西芹、百合，拌匀，略煮一会儿，捞出食材，装盘备用。

3 用油起锅，放入姜片、葱段、洗净切好的海参、高汤，加入盐、鸡粉、蚝油、料酒。

4 拌匀，略煮一会儿，倒入西芹、胡萝卜、百合，炒匀，倒入水淀粉勾芡，淋入芝麻油，炒匀，盛出即可。

扫一扫看视频

2分钟

增强免疫力

参杞烧海参

原料： 水发海参130克，上海青45克，竹笋40克，枸杞、党参、姜片、葱段各少许

调料： 盐3克，鸡粉4克，蚝油、生抽各5毫升，料酒7毫升，水淀粉、食用油各适量

烹饪小提示

上海青焯水时间不宜过长，以免破坏其口感；干海参要用温水泡发后再烹饪。

做法

1 处理好的竹笋切薄片；洗净的上海青去除老叶，对半切开；洗好的海参用斜刀切片。

2 锅中注水烧开，淋入食用油，倒入上海青，煮约半分钟，加1克盐，煮至断生，捞出。

3 将海参、竹笋倒入沸水中，加入少许鸡粉、料酒，拌匀，煮至六成熟，捞出。

4 起油锅，爆香姜片、葱段，放入党参、海参、竹笋，炒匀，淋入料酒提味，倒水。

5 撒上枸杞，调入盐、鸡粉、蚝油、生抽，煮至熟透，加入水淀粉，炒至入味。

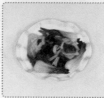

6 将焯过水的上海青摆入盘中；将炒好的食材装入盘中即可。

什锦虾

⏱ 8分钟　　🍲 益气补血

原料： 基围虾400克，口蘑、香菇、青椒各10克，洋葱、红彩椒各15克，黄彩椒20克

调料： 盐2克，鸡粉3克，料酒5毫升，酱油10毫升，白胡椒粉5克，食用油适量

做法

1 处理好的基围虾切去头部，再沿背部切一刀，但不切断；其余食材均洗净，切丁。

2 碗中倒入酱油，加入盐、鸡粉、料酒、白胡椒粉，注水，拌匀，制成调味汁。

3 起油锅，将虾炸至转色捞出，待油温升至八成热，再倒入虾炸片刻，捞出。起油锅，爆香洋葱。

4 倒入香菇、口蘑、青椒、红彩椒、黄彩椒，炒至熟，放入基围虾、调味汁，炒入味，盛出即可。

油爆虾仁

8分钟　益智健脑

原料： 虾仁200克，海鲜酱20克，葱段、姜片、蒜片各少许

调料： 盐2克，白糖2克，料酒4毫升，胡椒粉少许，水淀粉10毫升，芝麻油3毫升，大豆油适量

做法

1 虾背切开，去除虾线；虾仁装碗，放1克盐，料酒、胡椒粉、水淀粉适量，腌渍5分钟。

2 锅中注油烧热，放入虾仁，滑油至转色，把虾仁捞出，沥干油分，待用。

3 热锅注油，爆香姜片、蒜片、海鲜酱，加适量清水，倒入虾仁。

4 放盐、白糖，加水淀粉，炒匀，放入葱段，炒匀，加芝麻油，炒匀，盛出即可。

扫一扫看视频

蒜香西蓝花炒虾仁

🕐 3分钟　🍲 增强免疫力

原料： 西蓝花170克，虾仁70克，蒜片少许

调料： 盐3克，鸡粉1克，胡椒粉5克，水淀粉、料酒各5毫升，食用油适量

做法

1 西蓝花洗净，切小块；虾仁洗净，切开背部，取出虾线，装碗加1克盐、胡椒粉、料酒腌渍。

2 沸水锅中加少许食用油和盐，倒入西蓝花煮至断生，捞出。

3 起油锅，倒入虾仁，炒至转色，放入蒜片，炒香，倒入西蓝花，翻炒至食材熟软。

4 加入盐、鸡粉，炒至入味，注水炒匀，加入水淀粉，炒至收汁，盛出即可。

扫一扫看视频

虾仁炒豆芽

🕐 17分钟　🍲 开胃消食

原料： 黄豆芽100克，虾仁85克，红椒丝、青椒丝、姜片各少许

调料： 盐3克，鸡粉2克，料酒10毫升，水淀粉、食用油各适量

做法

1 洗净的虾仁由背部切开，去除虾线；洗好的黄豆芽切去根部。

2 虾仁装碗，加入少许盐、料酒、水淀粉、食用油，腌渍约15分钟至其入味。

3 起油锅，倒入虾仁、姜片，炒匀，放入红椒丝、青椒丝、黄豆芽，炒至变软。

4 加入盐、鸡粉、料酒、水淀粉，翻炒入味，盛出炒好的菜肴即可。

扫一扫看视频

腰果西芹炒虾仁

🕐 *14分钟*　🥜 *降低血脂*

原料： 腰果80克，虾仁70克，西芹段150克，蛋清30克，姜末、蒜末各少许

调料： 盐3克，干淀粉5克，料酒5毫升，食用油10毫升

做法

1 取一碗，放入处理好的虾仁，加入蛋清、干淀粉、料酒，拌匀，腌渍10分钟。

2 锅中注水烧开，倒入洗好的西芹段，焯约2分钟，捞出沥干，装盘备用。

3 锅中注油，放入腰果，小火煸炒至腰果微黄，捞出，装入盘中备用。

4 锅底留油，倒入姜末、蒜末，爆香，倒入虾仁，炒至转色，放入西芹，炒匀。

烹饪小提示

在焯西芹时，可以在水中加入少量盐，再滴几滴油，这样颜色会更翠绿。

5 加入盐，炒匀入味，倒入腰果，炒匀，盛出，装入盘中即可。

韭菜花炒虾仁

⏱ 12分钟　🫘 保肝护肾

扫一扫看视频

原料： 虾仁85克，韭菜花110克，彩椒10克，葱段、姜片各少许
调料： 盐、鸡粉各2克，白糖少许，料酒4毫升，水淀粉、食用油各适量

做法

1 将洗净的韭菜花切长段；洗好的彩椒切粗丝；洗净的虾仁由背部切开，挑去虾线。

2 把切好的虾仁装入碗中，加入少许盐、料酒、水淀粉，拌匀，腌渍约10分钟。

3 用油起锅，倒入虾仁，撒上姜片、葱段，淋入料酒，炒至虾身呈亮红色。

4 倒入彩椒丝、韭菜花，炒至断生，调入盐、鸡粉、白糖，用水淀粉勾芡，盛出即可。

白果桂圆炒虾仁

⏱ 7分钟　🫘 保肝护肾

扫一扫看视频

原料： 白果150克，桂圆肉40克，彩椒60克，虾仁200克，姜片、葱段各少许
调料： 盐4克，鸡粉4克，胡椒粉少许，料酒8毫升，水淀粉10毫升，食用油适量

做法

1 彩椒切丁；洗好的虾仁去除虾线，用少许盐、鸡粉、胡椒粉、水淀粉、食用油腌渍。

2 沸水锅中加入少许盐、食用油、白果、桂圆肉、彩椒，煮熟捞出；虾仁汆水捞出。

3 热锅注油，放入虾仁滑油捞出；锅留油，爆香姜片、葱段，放入焯过水的食材，炒匀。

4 倒入虾仁，淋入料酒，炒匀提味，调入鸡粉、盐，倒入水淀粉，炒至熟透，盛出即可。

扫一扫看视频

虾仁炒豆角

🕐 7分钟　🍲 增强免疫力

原料： 虾仁60克，豆角150克，红椒10克，姜片、蒜末、葱段各少许

调料： 盐3克，鸡粉2克，料酒4毫升，水淀粉、食用油各适量

做法

1 豆角洗净切段；红椒洗净切条；虾仁洗净去除虾线，装碗，加入少许盐、鸡粉、水淀粉、食用油腌渍。

2 沸水锅中加入少许食用油、盐，倒入豆角焯水捞出。用油起锅，爆香姜片、蒜末、葱段。

3 倒入红椒、虾仁，翻炒几下，淋入料酒，炒至虾身弯曲、变色，倒入豆角炒匀。

4 调入鸡粉、盐，注水，收拢食材，略煮一会儿，用水淀粉勾芡，炒至熟透，盛出即成。

扫一扫看视频

苦瓜黑椒炒虾球

🕐 2分钟　🍲 开胃消食

原料： 苦瓜200克，虾仁100克，泡小米椒30克，黑胡椒粉、姜片、蒜末、葱段各少许

调料： 盐3克，鸡粉2克，食粉少许，料酒5毫升，生抽6毫升，水淀粉、食用油各适量

做法

1 苦瓜洗净去籽，斜刀切片；虾仁洗净去除虾线，装碗，加入少许盐、鸡粉、水淀粉、食用油腌渍。

2 锅中注水烧开，撒上食粉，倒入苦瓜片焯水捞出，再倒入虾仁，焯约半分钟，捞出。

3 起油锅，爆香黑胡椒粉、姜片、蒜末、葱段，放入泡小米椒，倒入虾仁，炒干水汽。

4 淋入料酒，放入苦瓜片，加入鸡粉、盐、生抽、水淀粉，炒熟入味，盛出装盘即成。

扫一扫看视频

⏱ 7分钟

🫘 开胃消食

草菇丝瓜炒虾球

原料： 丝瓜130克，草菇100克，虾仁90克，胡萝卜片、姜片、蒜末、葱段各少许

调料： 盐3克，鸡粉2克，蚝油6毫升，料酒4毫升，水淀粉、食用油各适量

烹饪小提示

丝瓜宜用大火快炒，才能使其营养物质完全析出；虾仁宜用淡盐水清洗，能有效地去除杂质。

做法

1 草菇洗净切小块；洗净去皮的丝瓜切小段；洗净的虾仁由背部切开，去除虾线。

2 虾仁放在碗中，加入少许盐、鸡粉、水淀粉、食用油，腌渍至虾仁入味。

3 锅中注水烧开，放入少许盐、食用油，倒入草菇，拌匀，煮至八成熟，捞出。

4 起油锅，爆香胡萝卜片、姜片、蒜末、葱段，倒入虾仁，炒至虾身弯曲。

5 淋入料酒，炒香，放入丝瓜，倒入草菇，炒至丝瓜析出汁水，注水，收拢食材。

6 倒入蚝油，炒香，加入盐、鸡粉，炒匀调味，倒入水淀粉勾芡，盛出装盘即成。

猕猴桃炒虾球

⏱ 7分钟　　🍽 开胃消食

扫一扫看视频

原料： 猕猴桃60克，鸡蛋1个，胡萝卜70克，虾仁75克
调料： 盐4克，水淀粉、食用油各适量

做法

1 将去皮洗净的猕猴桃切小块；洗好的胡萝卜切丁；虾仁背部切开，去除虾线。

2 虾仁装碗，加少许盐、水淀粉腌渍入味；鸡蛋打入碗中，放入少许盐、水淀粉，调匀。

3 沸水锅中加少许盐，倒胡萝卜煮至断生，取出；虾仁入油锅炸至转色，取出；锅留油，倒入蛋液炒熟。

4 起油锅，放入胡萝卜、虾仁、鸡蛋、盐、猕猴桃、水淀粉，炒至入味，盛出即可。

扫一扫看视频

芦笋沙茶酱辣炒虾

⏱ 3分钟　🫁 增强免疫力

原料： 芦笋150克，虾仁150克，蛤蜊肉100克，白葡萄酒100毫升，姜片、葱段各少许

调料： 沙茶酱10克，泰式甜辣酱4克，鸡粉2克，生抽5毫升，水淀粉5毫升，食用油适量

做法

1 洗净的芦笋切小段；处理干净的虾仁去除虾线。

2 锅中注水烧开，倒入芦笋煮至断生后捞出；蛤蜊肉倒入沸水锅中，焯水捞出。

3 热锅注油，爆香姜片、葱段，加入沙茶酱、泰式甜辣酱，炒匀，倒入虾仁、葡萄酒，炒匀。

4 倒入芦笋、蛤蜊肉，炒匀，加入鸡粉、生抽、水淀粉，炒匀入味，盛入盘中即可。

扫一扫看视频

泰式杧果炒虾

⏱ 3分钟　🍵 生津止渴

原料： 基围虾300克，杧果130克，泰式辣椒酱35克，姜片、蒜片、葱段各少许

调料： 盐、鸡粉各2克，生抽3毫升，料酒6毫升，食用油适量

做法

1 将洗净的基围虾去除头尾，再剪去虾脚；洗好的杧果切取果肉，改切条形。

2 用油起锅，爆香姜片、蒜片、葱段，放入基围虾，炒匀，淋入料酒，炒香。

3 加入泰式辣椒酱，淋上生抽，加入盐、鸡粉，炒匀炒透。

4 倒入切好的杧果，用大火快炒一会儿，至食材入味，盛出炒好的菜肴即成。

扫一扫看视频

鲜虾炒白菜

⏱ 6分钟　🍵 清热解毒

原料： 虾仁50克，大白菜160克，红椒25克，姜片、蒜末、葱段各少许

调料： 盐3克，鸡粉3克，料酒3毫升，水淀粉、食用油各适量

做法

1 大白菜洗净切小块；红椒洗净去籽，切小块；洗净的虾仁由背部切开，去除虾线。

2 虾仁装碗，加入少许盐、鸡粉、水淀粉、食用油腌渍；沸水锅中加入少许食用油、盐，倒入大白菜，焯水捞出。

3 用油起锅，爆香姜片、蒜末、葱段，倒入虾仁、料酒、大白菜、红椒，拌炒匀。

4 加入鸡粉、盐，炒匀调味，倒入水淀粉勾芡，盛出，装入盘中即可。

沙茶炒濑尿虾

🕐 4分钟　　🫘 增强免疫力

原料： 濑尿虾400克，沙茶酱10克，红椒粒10克，洋葱粒、青椒粒、葱白粒各10克

调料： 鸡粉2克，料酒、生抽各4毫升，蚝油、食用油各适量

做法

1 热锅注油，烧至七成热，倒入处理好的濑尿虾，炸至变色，捞出，装盘备用。

2 用油起锅，倒入红椒粒、青椒粒、洋葱粒、葱白粒、沙茶酱，炒匀。

3 放入炸好的虾，翻炒至食材熟软。

4 加入鸡粉、料酒、生抽、蚝油，炒匀调味，盛出装盘即可。

扫一扫看视频

小炒濑尿虾

🕐 4分钟　🍖 增强免疫力

原料： 濑尿虾400克，洋葱100克，芹菜20克，红椒15克，姜片、蒜末、葱段各少许
调料： 盐、白糖各2克，鸡粉3克，料酒、生抽、食用油各适量

做法

1. 洗净的芹菜切长段；洗好的红椒切成圈；洗净的洋葱切成块，备用。

2. 热锅注油烧热，倒入处理好的濑尿虾炸至虾身变色，捞出，沥干油。

3. 锅底留油，爆香葱段、蒜末、姜片，加入洋葱、红椒、芹菜，翻炒约2分钟至熟。

4. 倒入炸好的虾，翻炒匀，加入料酒、盐、鸡粉、生抽、白糖，炒匀调味，盛出即可。

扫一扫看视频

炒花蟹

🕐 5分钟　🍖 开胃消食

原料： 花蟹2只，姜片、蒜片、葱段各少许
调料： 盐2克，白糖2克，料酒4毫升，生抽3毫升，水淀粉5毫升，食用油适量

做法

1. 用油起锅，放入姜片、蒜片和葱段，爆香。

2. 倒入处理干净的花蟹，略炒，加入料酒、生抽，炒匀，炒香。

3. 倒入适量清水，放入盐、白糖，炒匀，盖上盖，大火煮2分钟。

4. 揭盖，放入水淀粉，勾芡，关火后把炒好的花蟹盛出装盘即可。

扫一扫看视频

美味酱爆蟹

🕐 5分钟　　🥩 增强免疫力

原料： 螃蟹600克，干辣椒5克，葱段、姜片各少许

调料： 黄豆酱15克，料酒8毫升，白糖2克，盐、食用油适量

做法

1 处理干净的螃蟹剥开壳，去除蟹腮，切成小块。

2 热锅注油烧热，倒入姜片、黄豆酱、干辣椒，爆香。

3 倒入螃蟹，淋入料酒，炒匀去腥，注水，加盐炒匀，大火煮3分钟。

4 掀开锅盖，倒入葱段，炒匀，加入白糖，持续翻炒片刻。

烹饪小提示

烹制螃蟹之前，一定要用刷子将蟹壳刷洗干净。

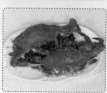

5 关火，将炒好的螃蟹盛出装入盘中即可。

魔芋丝香辣蟹

⏱ 8分钟　🐷 防癌抗癌

扫一扫看视频

原料： 魔芋丝280克，螃蟹500克，绿豆芽80克，花椒15克，干辣椒15克，姜片、葱段各少许

调料： 老干妈辣椒酱30克，盐、鸡粉、白糖、料酒、辣椒油、食用油各适量

做法

1 洗净的螃蟹开壳，去除腮、心，斩成块儿，洗净待用。

2 热锅注油烧热，倒入花椒、姜片、葱段、干辣椒、老干妈辣椒酱，炒香。

3 倒入螃蟹，放入料酒、清水，倒入魔芋丝，翻炒片刻，大火煮5分钟至熟。

4 倒入绿豆芽，调入盐、鸡粉、白糖、辣椒油，炒至绿豆芽熟，盛出装盘即可。

鲍丁小炒

🕐 4分钟　　🫘 保护视力

原料： 小鲍鱼165克，彩椒55克，蒜末、葱末各少许
调料： 盐、鸡粉各2克，料酒6毫升，水淀粉、食用油各适量

做法

1 鲍鱼剖开，分出壳、肉；鲍鱼入沸水锅中，淋入少许料酒，去除腥味后捞出。

2 洗净的彩椒切细条，再切成丁；放凉的鲍鱼肉切开，改切成丁。

3 用油起锅，爆香蒜末、葱末，放入彩椒丁、鲍鱼肉，淋入料酒，炒香。

4 加入盐、鸡粉、水淀粉，炒至熟透，盛入摆在盘中的鲍鱼壳上即可。

扫一扫看视频

百合鲍片

⏱ 3分钟　🍲 养心润肺

原料： 鲍鱼肉140克，鲜百合65克，彩椒12克，姜片、葱段各少许

调料： 盐、鸡粉各2克，白糖少许，料酒3毫升，水淀粉、食用油各适量

做法

1 将洗净的鲍鱼肉切片；洗净的彩椒切开，再改切菱形片。

2 锅中注水烧开，放入洗净的百合，焯去杂质，捞出；沸水锅中再倒入鲍鱼片，焯去腥味，捞出。

3 用油起锅，爆香姜片、葱段，倒入彩椒片，炒匀，放入鲍鱼片，淋上料酒，炒香。

4 倒入百合，转小火，加入盐、鸡粉、白糖，用水淀粉勾芡，至食材入味，盛出即成。

扫一扫看视频

扇贝肉炒芦笋

⏱ 3分钟　🍲 开胃消食

原料： 芦笋95克，红椒40克，扇贝肉145克，红葱头55克，蒜末少许

调料： 盐2克，鸡粉1克，胡椒粉2克，水淀粉、花椒油各5毫升，料酒10毫升，食用油适量

做法

1 洗净的芦笋斜刀切段；洗好的红椒切小丁；洗净的红葱头切片。

2 沸水锅中加入少许盐、食用油，倒入芦笋煮至断生，捞出。起油锅，炒香蒜末、红葱头。

3 放入洗净的扇贝肉，炒匀，淋入料酒，炒匀，倒入芦笋、红椒丁，翻炒均匀。

4 调入盐、鸡粉、胡椒粉、水淀粉，炒匀，注入水，淋入花椒油，炒匀，盛出即可。

扫一扫看视频

⏱ 3分钟

🍲 清热解毒

泰式肉末炒蛤蜊

原料： 蛤蜊500克，肉末100克，姜末、葱花各少许

调料： 泰式甜辣酱5克，豆瓣酱5克，料酒5毫升，水淀粉5毫升，食用油适量

烹饪小提示

蛤蜊本身极富鲜味，烹制时千万不要再加味精，也不宜多放盐，以免鲜味受到影响。

做法

1 锅中注入适量清水，用大火烧开，倒入处理好的蛤蜊，略煮一会儿，捞出沥水。

2 热锅注油，倒入肉末，翻炒至变色。

3 倒入姜末、部分葱花，放入豆瓣酱、泰式甜辣酱。

4 倒入蛤蜊，淋入料酒，翻炒均匀。

5 倒入水淀粉，翻炒匀。

6 放入余下的葱花，炒匀，盛入盘中即可。

扫一扫看视频

豉香蛤蜊

🕐 4分钟 🍲 增强免疫力

原料： 蛤蜊350克，红椒30克，豆豉、姜末、蒜末、葱段各少许

调料： 盐2克，生抽5毫升，豆瓣酱15克，老抽3毫升，鸡粉2克，水淀粉4毫升，食用油适量

做法

1 红椒洗净切圈；洗好的蛤蜊入沸水锅中，煮约3分钟，捞出装碗，用清水洗净。

2 炒锅注油烧热，爆香豆豉、姜末、蒜末、葱段，倒入蛤蜊，炒匀。

3 加入生抽、豆瓣酱、老抽，炒匀，放入红椒，加入鸡粉、盐，炒匀调味。

4 淋入少许清水，翻炒片刻，倒入水淀粉，翻炒均匀，盛出装盘即可。

扫一扫看视频

节瓜炒蛤蜊

🕐 4分钟 🍲 保护视力

原料： 净蛤蜊550克，节瓜120克，海米45克，姜片、葱段、红椒圈各少许

调料： 盐2克，鸡粉少许，蚝油7毫升，生抽4毫升，料酒3毫升，水淀粉、食用油各适量

做法

1 将洗净的节瓜切开，去除瓜瓤，再切粗条。

2 锅中注水烧热，倒入洗净的蛤蜊，中火煮约3分钟，去除杂质，至壳裂开，捞出。

3 用油起锅，爆香姜片、葱段、红椒圈，倒入洗好的海米，炒香，放入节瓜、蛤蜊。

4 淋入料酒，炒至断生，加入盐、鸡粉、蚝油、生抽、水淀粉，炒至入味，盛出即可。

扫一扫看视频

酱爆血蛤

⏱ 3分钟　🍲 开胃消食

原料： 血蛤400克，姜片、葱段、彩椒片各少许

调料： 柱侯酱5克，老抽2毫升，鸡粉2克，盐2克，料酒4毫升，水淀粉3毫升，食用油适量

做法

1 锅中注入适量清水烧开，倒入洗好的血蛤，略煮一会儿，捞出，沥干水分。

2 热锅注油，倒入姜片、葱段，爆香。

3 再倒入柱侯酱、彩椒片、血蛤，炒匀，淋入老抽，调入鸡粉、盐、料酒。

4 加入水淀粉，翻炒匀，将炒好的菜肴盛出即可。

姜葱炒血蛤

⏱ 3分钟　　🍲 增强免疫力

扫一扫看视频

原料： 血蛤400克，红椒圈、青椒圈、葱段、姜片各少许

调料： 料酒5毫升，生抽4毫升，蚝油5毫升，盐2克，鸡粉2克，水淀粉4毫升，食用油适量

做法

1 锅中注入适量清水烧开，倒入洗好的血蛤，略煮一会儿，捞出，沥干水分。

2 热锅注油，爆香姜片，放入葱段、血蛤，注入少许清水，炒匀。

3 放入青椒圈、红椒圈，加入料酒、生抽、蚝油、盐、鸡粉，炒匀调味。

4 倒入水淀粉，翻炒均匀，关火后将炒好的菜肴盛出，装入盘中即可。

辣椒炒螺片

⏱ 3分钟　🍽 保护视力

原料： 青椒40克，红椒55克，水发响螺肉150克，姜片、蒜末、葱段各少许
调料： 盐、鸡粉各2克，生抽4毫升，料酒5毫升，水淀粉、食用油各适量

做法

1 响螺肉洗净，斜刀切片；青椒洗净去籽，切菱形片；红椒洗净去籽，斜刀切片。

2 锅中注水烧开，倒入螺肉片，淋入少许料酒，煮1分30秒，汆去腥味，捞出。

3 用油起锅，爆香姜片、蒜末、葱段，放入青椒片、红椒片，大火略炒。

4 倒入汆过水的螺肉片，炒匀，转小火，加入料酒、生抽、鸡粉、盐。

烹饪小提示

调味时可以加入适量豆瓣酱，这样味道会更香。

5 倒入适量水淀粉，中火翻炒一会儿至熟透，盛出装入盘中即成。

扫一扫看视频

姜葱生蚝

🕐 2分钟　🍲 降压降糖

原料： 生蚝肉180克，彩椒片、红椒片各35克，姜片30克，蒜末、葱段各少许

调料： 盐3克，鸡粉2克，白糖3克，生粉10克，老抽2毫升，料酒4毫升，生抽5毫升，水淀粉、食用油各适量

做法

1 处理干净的生蚝肉焯水捞出，装碗加生抽拌匀，滚上生粉，腌渍入味，再装入盘中。

2 热锅注油，放入生蚝肉，炸至呈微黄色，捞出；锅留油，爆香姜片、蒜末、红椒片、彩椒片。

3 倒入生蚝肉，撒上葱段，调入料酒、老抽、盐、鸡粉、白糖，快速翻炒匀。

4 倒入适量水淀粉，翻炒至食材熟透、入味，盛出炒制好的菜肴，装盘即成。

姜葱炒花螺

🕐 2分钟　🍲 增强免疫力

原料： 花螺500克，葱段、姜片、红椒圈各少许

调料： 盐2克，鸡粉2克，料酒4毫升，生抽5毫升，蚝油5毫升，水淀粉、食用油各适量

做法

1 锅中注水烧开，倒入洗净的花螺，略煮一会儿，淋入料酒，氽去腥味，捞出，沥水装盘。

2 热锅注油，倒入葱段、姜片、红椒圈，炒香，倒入花螺，快速翻炒片刻。

3 加入盐、料酒、生抽、蚝油、鸡粉，炒匀调味。

4 倒入水淀粉，翻炒片刻，使食材更入味，盛出，装入盘中即可。

扫一扫看视频

酱爆海瓜子

🕐 4分钟　🥘 增强免疫力

原料： 海瓜子200克，青椒圈、红椒圈、姜片、葱段各少许

调料： 料酒4毫升，生抽4毫升，鸡粉2克，水淀粉4毫升，蚝油3毫升，豆瓣酱5克，甜面酱、食用油各适量

做法

1 锅中注入适量清水，倒入洗好的海瓜子，煮至海瓜子完全开口后捞出，沥干水分。

2 热锅注油，爆香姜片、葱段，加入豆瓣酱、甜面酱，炒出香味。

3 放入青椒圈、红椒圈、海瓜子，炒匀，淋入料酒、生抽，调入鸡粉、蚝油。

4 倒入水淀粉，炒匀，将炒好的海瓜子盛出，装入盘中即可。

辣炒海瓜子

⏱ 4分钟　🍲 开胃消食

扫一扫看视频

原料： 海瓜子300克，青椒25克，红椒25克，姜片、葱段各少许，豆瓣酱15克

调料： 鸡粉2克，料酒5毫升，生抽4毫升，水淀粉4毫升，豆瓣酱、食用油各适量

做法

1 锅中注水烧热，倒入洗好的海瓜子，煮至全部开口后将其捞出，沥干水分。

2 热锅注油，倒入姜片、葱段、豆瓣酱，翻炒出香味。

3 放入备好的青椒、红椒、海瓜子，炒匀。

4 淋入料酒、生抽，再加入鸡粉，倒入水淀粉，翻炒均匀，盛入盘中即可。

草菇炒牛蛙

⏱ 7分钟　🫘 益气补血

原料： 牛蛙150克，草菇25克，胡萝卜5克，西芹10克，姜片、葱段各少许
调料： 盐3克，鸡粉3克，料酒10毫升，水淀粉少许，胡椒粉、食用油各适量

做法

1 洗净的西芹切小段；洗好去皮的胡萝卜切成片；洗净的草菇对半切开。

2 取一只碗，放入处理好的牛蛙，加入少许盐、料酒、水淀粉，腌渍至其入味。

3 锅中注水烧开，倒入草菇，焯水捞出。起油锅，爆香姜片、葱段，放入牛蛙，炒匀。

4 淋入料酒，放入草菇、胡萝卜、西芹，加盐、鸡粉、胡椒粉，炒匀，盛出即可。